もくじ
大日本図書版 数学2年

1章 式と計算

1節 式と計算

テストに出る！ **教科書のココが要点**

📕 さらっとまとめ（赤シートを使って，□に入るものを考えよう。）

1 単項式と多項式 教 p.14〜p.15

・項が1つだけの式を 単項式 ，項が2つ以上ある式を 多項式 という。

・多項式の項で，文字をふくまない項を 定数項 という。

・単項式で，かけ合わされている文字の個数を，その 単項式の次数 という。

・多項式の各項のうちで，次数が最も高い項の次数を，その 多項式の次数 という。

2 同類項 教 p.16〜p.17

・多項式の項のなかで，同じ文字が同じ個数だけか
け合わされている項どうしを 同類項 という。

例　同類項
$4x$ + $6y$ + $(-3x)$ + $2y$
同類項

3 単項式と単項式との乗法，単項式を単項式でわる除法 教 p.20〜p.25

・単項式と単項式との乗法は， 係数 の積と文字の積をそれぞれ求めて，かける。

・単項式を単項式でわるには，式を 分数 の形に表すか，乗法になおして計算する。係数
どうし，文字どうしで約分できる場合は約分する。

☑ スピード確認 （□に入るものを答えよう。答えは，下にあります。）

1

□ $3xy$ や $-4a$ のような式を ① という。　　　　　　　　　①＿＿＿＿＿

□ $8x-3$ や a^2+ab-4 のような式を ② という。　　　　②＿＿＿＿＿

□ $5x^2-3y-2$ の項は， ③ である。　　　　　　　　　③＿＿＿＿＿
★$5x^2+(-3y)+(-2)$ と単項式の和の形で表してみる。

④＿＿＿＿＿

□ $-7x^3y$ の次数は ④ である。

⑤＿＿＿＿＿

□ $2ab^2-5a^2+4b$ は ⑤ 次式である。

⑥＿＿＿＿＿

2

□ $(3a+b)+(a-4b)=3a+b+a$ ⑥ $4b=$ ⑦　　　　⑦＿＿＿＿＿
★式の各項を加え，同類項をまとめる。

⑧＿＿＿＿＿

□ $(3a+b)-(a-4b)=3a+b-a$ ⑧ $4b=$ ⑨　　　　⑨＿＿＿＿＿
★ひく式の各項の符号を変えて加える。

⑩＿＿＿＿＿

3

□ $7a×(-3b)=7×(-3)×a×b=$ ⑩

⑪＿＿＿＿＿

□ $24xy÷(-8x)=-\dfrac{24xy}{8x}=-\dfrac{24×\overset{3}{x}×\overset{1}{y}}{\underset{1}{8}×\underset{1}{x}}=$ ⑪

答 ①単項式　②多項式　③$5x^2$, $-3y$, -2　④4　⑤3
⑥－　⑦$4a-3b$　⑧＋　⑨$2a+5b$　⑩$-21ab$　⑪$-3y$

基礎力UP テスト対策問題

テスト対策ナビ

1 単項式と多項式　次の問いに答えなさい。

(1)　単項式 $-5ab^2$ の係数と次数をいいなさい。

絶対に覚える！

係数
$-5 \times ⓐ \times ⓑ \times ⓑ$
　　　文字の数 3 個
　　➡次数 3

(2)　多項式 $4x-3y^2+5$ の項と次数をいいなさい。

2 多項式の加法，減法　次の計算をしなさい。

(1)　$5x+4y-2x+6y$ 　　　(2)　$3a^2-4a-2a^2+a$

(3)　$(7x+2y)+(x-9y)$ 　　　(4)　$(5x-7y)-(3x-4y)$

ミス注意！

かっこをはずすとき
は，符号に注意する。
$(5x-7y)-(3x-4y)$
$=5x-7y\ominus 3x\oplus 4y$

　　　　符号が変わる

3 単項式と単項式との乗法，単項式を単項式でわる除法　次の計算をしなさい。

(1)　$3x \times 2xy$ 　　　(2)　$(-4ab) \times 3c$

(3)　$-8x^2 \times (-4y^2)$ 　　　(4)　$36x^2y \div 4xy$

(5)　$12ab^2 \div (-6ab)$ 　　　(6)　$(-9ab^2) \div 3b$

3 (1)　$3x \times 2xy$
$=\underset{\text{係数の積}}{\underline{3 \times 2}} \times \underset{\text{文字の積}}{\underline{x \times x \times y}}$

(4)　$36x^2y \div 4xy$
$=\dfrac{36x^2y}{4xy}$
$=\dfrac{\overset{9}{\cancel{36}} \times \overset{1}{\cancel{x}} \times x \times \overset{1}{\cancel{y}}}{\underset{1}{\cancel{4}} \times \underset{1}{\cancel{x}} \times \underset{1}{\cancel{y}}}$

約分できるとき
は約分しよう。

4 多項式と数との計算　次の計算をしなさい。

(1)　$5(2x-3y)$ 　　　(2)　$(12x-6y) \div 3$

ポイント

多項式と数との乗法
は，分配法則を使っ
て計算する。

テストに出る！

予想問題 ①

1章 式と計算
1節 式と計算

⏱ 20分

/16問中

① 多項式の項と次数 次の多項式の項を答えなさい。また，何次式か答えなさい。

(1) $x^2y + xy - 3x + 2$

(2) $-s^2t^2 + st + 8$

② ♀よく出る 多項式の加法，減法 次の計算をしなさい。

(1) $7x^2 - 4x - 3x^2 + 2x$

(2) $8ab - 2a - ab + 2a$

(3) $(5a + 3b) + (2a - 7b)$

(4) $(a^2 - 4a + 3) - (a^2 + 2 - a)$

(5) $$\begin{array}{r} 3a + b \\ +) \ a - 2b \\ \hline \end{array}$$

(6) $$\begin{array}{r} 5x - 2y - 3 \\ -) \ x + 3y - 8 \\ \hline \end{array}$$

③ 単項式と単項式との乗法，単項式を単項式でわる除法 次の計算をしなさい。

(1) $4x \times 3y$

(2) $-\dfrac{1}{4}m \times 12n$

(3) $-2a \times (-b)^2$

(4) $3a^2b^3 \div 15ab$

(5) $(-9xy^2) \div \dfrac{1}{3}xy$

(6) $\left(-\dfrac{ab^2}{2}\right) \div \dfrac{1}{4}a^2b$

(7) $a^3b \times a \div 3b$

(8) $(-12x) \div (-2x)^2 \div 3x$

② マイナスのついたかっこをはずすときは，符号が変わることに注意する。

③ わる式が分数のときは，除法を乗法になおして計算する。

テストに出る！
予想問題 ❷

1章 式と計算
1節 式と計算

⏱20分

/12問中

1 多項式と数との計算　次の計算をしなさい。

(1)　$5(-3a-b+2)$

(2)　$(-6x-3y+15)\times\left(-\dfrac{1}{3}\right)$

(3)　$(-6x+10y)\div2$

(4)　$(32a-24b+8)\div(-4)$

(5)　$4(x-5y)+3(2x-y)$

(6)　$3(a^2+4a-1)-5(2a-1)$

(7)　$\dfrac{x+2y}{3}+\dfrac{3x-y}{4}$

(8)　$\dfrac{2a-3b}{2}-\dfrac{5a-b}{3}$

2 🔍よく出る　式の値　次の問いに答えなさい。

(1)　$x=-\dfrac{1}{2}$, $y=-4$ のときの，次の式の値を求めなさい。

①　$6xy^2$

②　$-4x^2y$

(2)　$a=-2$, $b=3$ のときの，次の式の値を求めなさい。

①　$3(2a-3b)-2(4a-5b)$

②　$\dfrac{1}{2}(6a-4b)-\dfrac{1}{3}(6a-12b)$

成績 UP ナビ

1 分数の形の式は，通分して，１つの分数にまとめて計算する。
2 (2) 式の値を求めるときは，式を簡単にしてから，数を代入する。

1章 式と計算

2節 式の利用　　3節 関係を表す式

テストに出る！ 教科書の **ココ**が**要点**

さらっとまとめ （赤シートを使って，□に入るものを考えよう。）

1 数の性質とその調べ方　教 p.31〜p.33

・連続する 3 つの整数のうち，最も小さい整数を n とすると，連続する 3 つの整数は，
$\boxed{n}$，$\boxed{n+1}$，$\boxed{n+2}$ と表すことができる。

・偶数は，m を整数とすると，$\boxed{2m}$ と表すことができる。

・奇数は，n を整数とすると，$\boxed{2n+1}$ と表すことができる。

・2 桁の自然数は，十の位の数を x，一の位の数を y とすると，$\boxed{10x+y}$ と表すことがで
きる。

2 等式の変形　教 p.34〜p.35

・等式を $x=\blacksquare$ の形に変形することを，$\boxed{x について解く}$ という。

例 $5y+x=6$ を x について解くと，$x=6-5y$

スピード確認 （□に入るものを答えよう。答えは，下にあります。）

□ 偶数と奇数の和は奇数になることを，文字を使って説明しなさい。

偶数を $2m$，奇数を $2n+1$ と表す。ただし，m，n は整数とする。

$$2m+(2n+1)=2m+2n+1=\boxed{①}(m+n)+\boxed{②}$$
★2×(整数)+1 の形に変形する

$\boxed{③}$ は整数だから，$\boxed{①}(m+n)+\boxed{②}$ は奇数である。

したがって，偶数と奇数の和は奇数である。

1 □ 連続する 3 つの整数の和が 3 の倍数になることを，最も小さい
整数を n として説明しなさい。

連続する 3 つの整数は，n，$\boxed{④}$，$\boxed{⑤}$ と表される。よって，

$$n+(\boxed{④})+(\boxed{⑤})=3n+3=\boxed{⑥}(n+1)$$
★3×(整数) の形に変形する

$\boxed{⑦}$ は整数なので，$\boxed{⑥}(n+1)$ は 3 の倍数である。

したがって，連続する 3 つの整数の和は 3 の倍数になる。

□ 等式 $x+2y=4$ を，y について解くと，$y=\dfrac{\boxed{⑧}+4}{2}$

2 ★ $y=-\dfrac{x}{2}+2$ としてもよい。

□ 等式 $3ab=7$ を，b について解くと，$b=\dfrac{7}{\boxed{⑨}}$

①
②
③
④
⑤
⑥
⑦
⑧
⑨

どの文字につ
いて解くかを確か
めよう！

答　①2 ②1 ③$m+n$ ④$n+1$ ⑤$n+2$ ⑥3 ⑦$n+1$ ⑧$-x$ ⑨$3a$

基礎力UP テスト対策問題

1 式による説明　n を整数とするとき，(1)，(2)の整数を表す式を，㋐～㋗のなかから，すべて選びなさい。

(1)　5 の倍数　　　　　　　　(2)　9 の倍数

㋐　$5n+1$　　㋑　$5n$　　　　㋒　$5(n+1)$　　㋓　$\dfrac{n}{5}$

㋔　$9n-1$　　㋕　$9(n-1)$　　㋖　$9n$　　　　㋗　$\dfrac{1}{9}n$

2 数の性質とその調べ方　連続する3つの整数のうち，中央の整数を n として，3つの整数の和を n を使って表しなさい。

3 数の性質とその調べ方　十の位の数が x，一の位の数が y の2桁の自然数があります。ただし，一の位の数は0ではないとします。この2桁の自然数と，十の位の数と一の位の数を入れかえてできる自然数との和を，x，y を使って表しなさい。

4 等式の変形　次の式を，[　]内の文字について解きなさい。

(1)　$x+3=2y$　$[x]$　　　　　(2)　$\dfrac{1}{2}x=y+3$　$[x]$

(3)　$5x+10y=20$　$[x]$　　　(4)　$7x-6y=11$　$[y]$

思い出そう！
等式の性質
$A=B$ ならば
1　$A+C=B+C$
2　$A-C=B-C$
3　$AC=BC$
4　$\dfrac{A}{C}=\dfrac{B}{C}$
　　　$(C≠0)$
5　$B=A$

予想問題 ①

1章 式と計算
2節 式の利用

⏰ 20分
／7問中

1 🔍 **よく出る**　式の利用　地球を球と考えて，赤道のまわりに地球の表面から 3 m 離したところに，地球を 1 周するひもをかけたとします。

(1)　地球の半径を r m として，赤道の長さとひもの長さを r の式で表しなさい。ただし，円周率を π とします。

(2)　ひもの長さは赤道の長さよりどれだけ長いと考えられますか。

2　式の利用　右の四角形 ABCD は，AB＝$4a$ cm，BC＝$3a$ cm の長方形です。長方形 ABCD を，辺 AB を軸として 1 回転させてできる立体をア，辺 BC を軸として 1 回転させてできる立体をイとします。

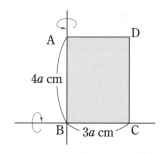

(1)　次の図は，立体ア，イの見取図です。底面の半径と，高さをかき入れなさい。

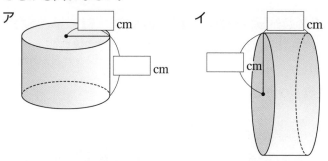

(2)　立体ア，イの体積は，どちらが大きいですか。

(3)　立体ア，イの側面積は，どちらが大きいですか。

(4)　立体ア，イの表面積は，どちらが大きいですか。

1 ひもの長さは，$(r+3)×2×\pi$ より考える。
2 (3) 立体イの側面は，線分 AD が回転してできる面である。

テストに出る！
予想問題 ②

1章 式と計算
2節 式の利用　3節 関係を表す式

⏱20分
/9問中

1 式による説明　連続する3つの偶数の和は6でわり切れることを，文字を使って説明しました。□をうめて，説明を完成させなさい。

［説明］　連続する3つの偶数のうち，最も小さい偶数を $2m$（m は整数）とすると，

連続する3つの偶数は，$2m$，$2m+$①□，$2m+$②□ と表される。

よって，それらの和は，

$2m+(2m+$①□$)+(2m+$②□$)$

$=$③□$m+$④□

$=$⑤□$(m+1)$

$m+1$ は整数だから，⑤□$(m+1)$ は6の倍数である。

したがって，連続する3つの偶数の和は6でわり切れる。

2 🔍よく出る　等式の変形　次の式を，［　］内の文字について解きなさい。

(1)　$5x+3y=4$　$[y]$

(2)　$4a-3b-12=0$　$[a]$

(3)　$\dfrac{1}{3}xy=\dfrac{1}{2}$　$[y]$

(4)　$\dfrac{1}{12}x+y=\dfrac{1}{4}$　$[x]$

(5)　$3a-5b=9$　$[b]$

(6)　$c=ay+b$　$[y]$

3 等式の変形　次の式を，［　］内の文字について解きなさい。

(1)　$S=ab$　$[b]$

(2)　$V=\pi r^2 h$　$[h]$

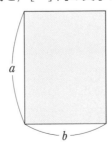

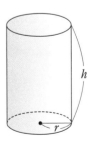

2 (3)　両辺に6をかけて分母をはらう。

(6)　y をふくむ項が右辺にあるので，c と ay を移項する。

テストに出る！

章末予想問題　1章 式と計算

① 30分

/100 点

1 次の式の項を答えなさい。また，何次式か答えなさい。 4点×2〔8点〕

(1) $2x^2 + 3xy + 9$

(2) $-2a^2b + \dfrac{1}{3}ab^2 - 4a$

2 次の計算をしなさい。 5点×8〔40点〕

(1) $7x^2 + 3x - 2x^2 - 4x$

(2) $(-3x)^2 \times \dfrac{1}{9}xy^2$

(3) $(-4ab^2) \div \dfrac{2}{3}ab$

(4) $4xy^2 \div (-12x^2y) \times (-3xy)^2$

(5) $-\dfrac{3}{4}(-8ab + 4a^2)$

(6) $(9x^2 - 6y) \div \left(-\dfrac{3}{2}\right)$

(7) $8(a - 2b) - 3(b - 2a)$

(8) $\dfrac{3a - 2b}{4} - \dfrac{a - b}{3}$

3 $x = 2$，$y = -\dfrac{1}{3}$ のとき，次の式の値を求めなさい。 5点×3〔15点〕

(1) $(3x + 2y) - (x - y)$

(2) $12x^2y \div 4x$

(3) $18x^3y \div (-6xy) \times 2y$

4 差がつく 連続する3つの奇数は，m を整数とすると，$2m+1$, $2m+3$, $2m+5$ と表されます。このことを使って，連続する3つの奇数の和は3の倍数になることを，文字を使って説明しなさい。 〔7点〕

5 次の式を，[ ]内の文字について解きなさい。

5点×6〔30点〕

(1) $3x + 2y = 7$ [y]

(2) $V = abc$ [a]

(3) $y = 4x - 3$ [x]

(4) $2a - b = c$ [b]

(5) $V = \dfrac{1}{3}\pi r^2 h$ [h]

(6) $S = \dfrac{1}{2}(a + b)h$ [b]

1	(1) 項：		次式	(2) 項：		次式
2	(1)	(2)		(3)		
	(4)	(5)		(6)		
	(7)	(8)				
3	(1)	(2)		(3)		
4						
5	(1)	(2)		(3)		
	(4)	(5)		(6)		

1	/8点	2	/40点	3	/15点	4	/7点	5	/30点

2章 連立方程式

1節 連立方程式　2節 連立方程式の解き方

テストに出る！ 教科書の ココ が 要点

さらっとまとめ (赤シートを使って，□に入るものを考えよう。)

1 連立方程式とその解 教 p.42〜p.44

・2つの文字をふくむ1次方程式を 2元1次方程式 という。

・2元1次方程式を成り立たせる文字の値の組を，2元1次方程式の 解 という。

・2つ以上の方程式を組にしたものを 連立方程式 という。

・連立方程式を成り立たせる文字の値の組を，その連立方程式の 解 といい，
解を求めることを，その連立方程式を 解く という。

2 連立方程式の解き方 教 p.46〜p.51

・連立方程式を解くためには，加減法 または 代入法 によって，
1つの文字を 消去して 解く。

スピード確認 (□に入るものを答えよう。答えは，下にあります。)

1

□ 次の x，y の値の組のなかで，

連立方程式 $\begin{cases} x+y=7 \\ x-y=1 \end{cases}$ の解は ① 。

㋐ $\begin{cases} x=6 \\ y=1 \end{cases}$ 　㋑ $\begin{cases} x=2 \\ y=5 \end{cases}$ 　㋒ $\begin{cases} x=4 \\ y=3 \end{cases}$

★2つの方程式を同時に成り立たせる x，y の値の組を見つける。

① _____
② _____
③ _____
④ _____
⑤ _____
⑥ _____

2

□ 連立方程式 $\begin{cases} -x+y=7 & \cdots\cdots(1) \\ 3x+2y=4 & \cdots\cdots(2) \end{cases}$ を解きなさい。

【加減法】

y の係数の絶対値をそろえて
左辺どうし，右辺どうしひく。

$(1)\times2$ 　　$-2x+2y=14$

(2) 　　$\underline{-)\ 3x+2y=\ 4}$

　　　　② x 　　　$=10$

　　　　　　$x=$ ③

(1) に代入すると，$y=$ ④

　　答 $\begin{cases} x=③ \\ y=④ \end{cases}$

【代入法】

(1) を y について解き，それを
(2) に代入する。

(1) より，$y=x+7$ 　$\cdots\cdots(3)$

(3) を (2) に代入すると，

　$3x+2(x+7)=4$

よって，$x=$ ⑤

(3) に代入すると，$y=$ ⑥

　　答 $\begin{cases} x=⑤ \\ y=⑥ \end{cases}$

> 加減法と代入法，どちらの方法でも解けるようにしよう。

答 → ①㋒ ②−5 ③−2 ④5 ⑤−2 ⑥5

基礎力UP テスト対策問題

1 連立方程式とその解　次の連立方程式のうち，$\begin{cases} x=-1 \\ y=3 \end{cases}$ が解となるのは，どれですか。

㋐ $\begin{cases} 2x+y=5 \\ 3x+2y=3 \end{cases}$　㋑ $\begin{cases} x+2y=5 \\ 3x-2y=-9 \end{cases}$　㋒ $\begin{cases} 2x+3y=7 \\ 2x+y=5 \end{cases}$

絶対に覚える!

■連立方程式の解
➡どの方程式も成り立たせる文字の値の組。

---

2 加減法　次の連立方程式を加減法で解きなさい。

(1) $\begin{cases} 5x+2y=4 \\ x-2y=8 \end{cases}$　(2) $\begin{cases} 2x+3y=11 \\ 2x-y=-1 \end{cases}$

(3) $\begin{cases} 3x+2y=7 \\ x+5y=11 \end{cases}$　(4) $\begin{cases} 4x+3y=18 \\ -5x+7y=-1 \end{cases}$

ポイント

■加減法
1つの文字の係数の絶対値をそろえ，2つの式を加えたりひいたりして，1つの文字を消去して解く方法。

---

3 代入法　次の連立方程式を代入法で解きなさい。

(1) $\begin{cases} x+y=10 \\ y=4x \end{cases}$　(2) $\begin{cases} y=2x+1 \\ y=5x-8 \end{cases}$

(3) $\begin{cases} 4x-5y=13 \\ x=3y-2 \end{cases}$　(4) $\begin{cases} y=x+1 \\ 3x-2y=-7 \end{cases}$

ポイント

■代入法
一方の式を他方の式に代入して文字を消去して解く方法。

ミス注意!

多項式を代入するときは，( )をつける。

---

4 いろいろな連立方程式　次の連立方程式を解きなさい。

(1) $\begin{cases} 8x-5y=13 \\ 10x-3(2x-y)=1 \end{cases}$　(2) $\begin{cases} 2x+3y=-2 \\ 0.3x+0.7y=0.2 \end{cases}$

(3) $\begin{cases} 3x+2y=4 \\ \dfrac{1}{2}x-\dfrac{1}{5}y=-2 \end{cases}$　(4) $3x+2y=5x+y=7$

絶対に覚える!

かっこのある式
➡かっこをはずす。

分数や小数がある式
➡係数が全部整数になるように変形する。

$A=B=C$ の式
➡$A=B$, $A=C$, $B=C$ のうち，2つを組み合わせる。

テストに出る!

予想問題 ①

2章 連立方程式
1節 連立方程式　2節 連立方程式の解き方

⏱ 20分

/12問中

1 代入法と加減法　次の連立方程式を解きなさい。

(1) $\begin{cases} x=4y-10 \\ 3x-y=-8 \end{cases}$

(2) $\begin{cases} x=2y+7 \\ 5x-3y=-7 \end{cases}$

(3) $\begin{cases} 2x+3y=17 \\ 3x+4y=24 \end{cases}$

(4) $\begin{cases} 8x+7y=12 \\ 6x+5y=8 \end{cases}$

2 🔎よく出る　いろいろな連立方程式　次の連立方程式を解きなさい。

(1) $\begin{cases} 3x-y=2 \\ 4x-3(2x-y)=8 \end{cases}$

(2) $\begin{cases} 3x+5y=-11 \\ 2(x-5)=y \end{cases}$

(3) $\begin{cases} x-3(y-5)=0 \\ 7x=6y \end{cases}$

(4) $\begin{cases} 1.2x+0.5y=5 \\ 3x-2y=19 \end{cases}$

(5) $\begin{cases} 0.5x-1.4y=8 \\ -x+2y=-12 \end{cases}$

(6) $\begin{cases} \dfrac{3}{4}x-\dfrac{1}{2}y=2 \\ 2x+y=3 \end{cases}$

(7) $\begin{cases} x+2y=-4 \\ \dfrac{1}{2}x-\dfrac{2}{3}y=3 \end{cases}$

(8) $\begin{cases} 2x-y=15 \\ \dfrac{1}{2}x+\dfrac{1}{3}y=2 \end{cases}$

2 係数に小数があるときは，両辺に 10 や 100 などをかけて，係数を整数にする。
係数に分数があるときは，両辺に分母の最小公倍数をかけて，係数を整数にする。

テストに出る！
予想問題 ❷

2章 連立方程式
2節 連立方程式の解き方

⏱ 20分

／8問中

1 いろいろな連立方程式　次の連立方程式を適当な方法で解きなさい。

(1) $\begin{cases} 2x = -3y + 7 \\ 2x - y = 3 \end{cases}$

(2) $\begin{cases} 5x + 2y = 13 \\ 3x = 2y + 11 \end{cases}$

(3) $\begin{cases} y = -3x + 6 \\ y = x + 2 \end{cases}$

(4) $\begin{cases} 4y + 22 = 3x \\ 7y + 25 = 3x \end{cases}$

2 ♀よく出る　$A = B = C$ の形の方程式　次の連立方程式を解きなさい。

(1) $2x + 3y = -x - 3y = 5$

(2) $x + y + 6 = 4x + y = 5x - y$

📖発展 **3** 3つの文字をふくむ連立方程式　次の連立方程式を解きなさい。

(1) $\begin{cases} x + y + z = 8 \\ 3x + 2y + z = 14 \\ z = 3x \end{cases}$

(2) $\begin{cases} x + 2y - z = 7 \\ 2x + y + z = -10 \\ x - 3y - z = -8 \end{cases}$

2 (1)　$2x + 3y = 5$ ……①，$-x - 3y = 5$ ……②　①②を組にした連立方程式を解く。
3 3つの文字をふくむ連立方程式は，1つの文字を消去し，文字が2つの連立方程式を導く。

3節 連立方程式の利用

テストに出る！ 教科書の ココ が 要点

さらっとまとめ (赤シートを使って, □に入るものを考えよう。)

1 連立方程式の利用 **教** p.56〜p.60

・連立方程式を使って問題を解く手順

① わかっている数量 と 求める数量 を明らかにし, 何を 文字 で表すか決める。

② 等しい関係 にある数量を見つけ, 方程式 をつくる。

③ 連立方程式 をつくり, 解 を求める。

④ その解を 問題の答え としてよいか確かめ, 答えを求める。

スピード確認 (□に入るものを答えよう。答えは, 下にあります。)

□ 1個100円のりんごと1個60円のみかんを合わせて9個買ったところ, 代金の合計は700円でした。

(1) りんごを x 個, みかんを y 個買ったとして, 数量を表に整理すると, 次のようになる。

	りんご	みかん	合計
1個の値段 (円)	100	60	
個数 (個)	x	y	9
代金 (円)	①	②	③

(2) 個数の関係から方程式をつくると,

④ ＋ ⑤ ＝9

1 (3) 代金の関係から方程式をつくると,

⑥ ＋ ⑦ ＝ ⑧

□ ノート3冊とボールペン2本の代金の合計は480円, ノート5冊とボールペン6本の代金の合計は1120円でした。ノート1冊の値段を x 円, ボールペン1本の値段を y 円とします。

(1) (ノート1冊の値段)×3＋(ボールペン1本の値段)×2＝480

この関係から方程式をつくると,

⑨ ＋ ⑩ ＝480

(2) (ノート1冊の値段)×5＋(ボールペン1本の値段)×6＝1120

この関係から方程式をつくると,

⑪ ＋ ⑫ ＝1120

①　_____

②　_____

③　_____

④　_____

⑤　_____

⑥　_____

⑦　_____

⑧　_____

⑨　_____

⑩　_____

⑪　_____

⑫　_____

答 ①100x ②60y ③700 ④x ⑤y ⑥100x ⑦60y ⑧700 ⑨3x ⑩2y ⑪5x ⑫6y

基礎力UP テスト対策問題

1 代金の問題　1個100円のパンと1個120円のおにぎりを，合わせて10個買ったら，代金の合計が1100円でした。パンとおにぎりをそれぞれ何個買ったかを求めます。

(1) 100円のパンをx個，120円のおにぎりをy個買ったとして，数量を表に整理しなさい。

	パン	おにぎり	合計
1個の値段 (円)	100	120	
個数 (個)	x	y	10
代金 (円)	㋐	㋑	㋒

(2) (1)の表から，連立方程式をつくり，それぞれの個数を求めなさい。

2 速さの問題　家から1000m離れた駅に行くのに，初めは分速50mで歩き，途中から分速100mで走ったところ，14分かかりました。

(1) 歩いた道のりをxm，走った道のりをymとして，数量を図と表に整理しなさい。

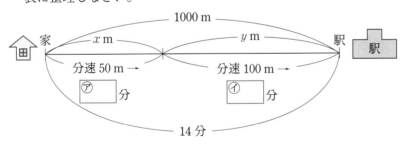

	歩いたとき	走ったとき	合計
道のり (m)	x	y	1000
速さ (m/min)	50	100	
時間 (min)	㋐	㋑	14

(2) (1)の表から，連立方程式をつくり，歩いた道のり，走った道のりをそれぞれ求めなさい。

テスト対策🌟ナビ

ポイント

文章題では，数量の間の関係を，図や表にして整理するとわかりやすい。

1 (2) 個数の関係，代金の関係から，2つの方程式をつくる。

思い出そう！

時間，道のり，速さの問題は，次の関係を使って方程式をつくる。

$$(時間)=\frac{(道のり)}{(速さ)}$$

$$(道のり)=(速さ)×(時間)$$

2 (2) 道のりの関係，時間の関係から，2つの方程式をつくる。

分数を整数になおすよ。

テストに出る!
予想問題 **①**

2章 連立方程式
3節 連立方程式の利用

🕐 20分

/5問中

1 連立方程式の利用　500円硬貨と100円硬貨を合計22枚集めたら，合計金額は6200円になりました。このとき500円硬貨と100円硬貨は，それぞれ何枚か求めなさい。

2 🔍よく出る　代金の問題　鉛筆3本とノート5冊の代金の合計は840円，鉛筆6本とノート7冊の代金の合計は1320円でした。鉛筆1本とノート1冊の値段をそれぞれ求めなさい。

3 速さの問題　家から学校までの道のりは1500mです。初めは分速60mで歩いていましたが，雨が降ってきたので，途中から分速120mで走ったら，学校に着くのに20分かかりました。

(1)　歩いた道のりをxm，走った道のりをymとして，数量を図と表に整理しなさい。

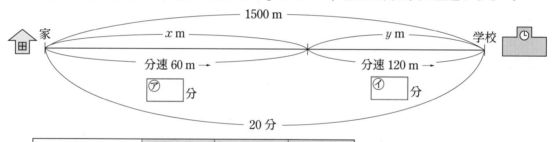

	歩いたとき	走ったとき	合計
道のり (m)	x	y	1500
速さ (m/min)	60	120	
時間 (min)	㋐	㋑	20

(2)　(1)の表から，連立方程式をつくり，歩いた道のり，走った道のりをそれぞれ求めなさい。

4 速さの問題　14km離れたところに行くのに，初めは自転車に乗って時速16kmで走り，途中から時速4kmで歩いたら，2時間かかりました。自転車に乗って走った道のりと歩いた道のりをそれぞれ求めなさい。

1 500円硬貨がx枚，100円硬貨がy枚として，連立方程式をつくる。
3 (2) 道のりと時間の関係についての連立方程式をつくる。

テストに出る！
予想問題 ❷

2章 連立方程式
3節 連立方程式の利用

⏱20分

/5問中

1 濃度の問題　濃度が7％の食塩水と15％の食塩水を混ぜて，濃度が10％の食塩水を400g作ります。それぞれ何gずつ混ぜればよいですか。

2 濃度の問題　濃度が30％の果汁飲料と70％の果汁飲料を混ぜて，濃度が60％の果汁飲料を200g作ります。それぞれ何gずつ混ぜればよいですか。

3 💡よく出る　割合の問題　ある中学校の昨年の生徒数は425人でした。今年の生徒数を調べたところ23人増えていることがわかりました。これを男女別で調べると，昨年より，男子は7％，女子は4％，それぞれ増えています。

⑴　昨年の男子の生徒数を x 人，昨年の女子の生徒数を y 人として，数量の関係を表に整理しなさい。

	男子	女子	合計
昨年の生徒数（人）	x	y	425
増えた生徒数（人）	⑦	⑦	23

⑵　⑴の表から，連立方程式をつくり，昨年の男子と女子の生徒数をそれぞれ求めなさい。

4 割合の問題　A，Bの2つの品物を，それぞれ定価で買うと合計で1000円かかるところを，Aが定価の2割引きに，Bが定価の3割引きになっていたため，定価で買うよりも240円安く買うことができました。A，Bのそれぞれの定価を求めなさい。

1 10％の食塩水400gにふくまれる食塩の重さは，$400 \times \dfrac{10}{100}$ (g) である。

4 x円の2割は $x \times \dfrac{2}{10}$ (円)，y円の3割は $y \times \dfrac{3}{10}$ (円) と表すことができる。

テストに出る！

章末予想問題

2章 連立方程式

⏱ 30分

/100点

1 次の x, y の値の組のなかで，連立方程式 $\begin{cases} 7x+3y=34 \\ 5x-6y=8 \end{cases}$ の解はどれですか。〔8点〕

㋐ $\begin{cases} x=4 \\ y=2 \end{cases}$ 　　　㋑ $\begin{cases} x=5 \\ y=-\dfrac{1}{3} \end{cases}$ 　　　㋒ $\begin{cases} x=-2 \\ y=-3 \end{cases}$

2 次の連立方程式を解きなさい。　　　6点×6〔36点〕

(1) $\begin{cases} 4x-5y=6 \\ 3x-2y=1 \end{cases}$ 　　　(2) $\begin{cases} 5x-3y=11 \\ 3y=2x+1 \end{cases}$

(3) $\begin{cases} 3(x-2y)+5y=2 \\ 4x-3(2x-y)=8 \end{cases}$ 　　　(4) $\begin{cases} 3x+4y=1 \\ \dfrac{1}{3}x+\dfrac{2}{5}y=\dfrac{1}{3} \end{cases}$

(5) $\begin{cases} \dfrac{3}{4}x-\dfrac{2}{3}y=\dfrac{7}{6} \\ 1.3x+0.6y=-5 \end{cases}$ 　　　(6) $3x-y=2x+y=x-2y+5$

3 差がつく 連立方程式 $\begin{cases} 3x-4y=8 \\ ax+3y=17 \end{cases}$ の解の x の値が -4 であるとき，解の y の値と a の値を求めなさい。〔8点〕

解答 p.6

満点ゲット作戦

加減法か代入法を使って１つの文字を消去し，もう１つの文字についての１次方程式にする。

ココが要点を再確認	もう一歩	合格
0	70	85	100点

4 ある遊園地の入園料は，大人１人の料金は中学生１人の料金より 200 円高いそうです。この遊園地に大人２人と中学生５人で入ったら，入園料の合計は 7400 円でした。大人１人と中学生１人の入園料をそれぞれ求めなさい。〔16 点〕

5 Ａ町からＢ町を通ってＣ町まで行く道のりは 23 km です。ある人がＡ町からＢ町までは時速 4 km，Ｂ町からＣ町までは時速 5 km で歩いて，全体で５時間かかりました。Ａ町からＢ町までの道のりとＢ町からＣ町までの道のりをそれぞれ求めなさい。〔16 点〕

6 **差がつく** ある中学校では，リサイクルのために新聞と雑誌を集めました。今月は新聞と雑誌を合わせて 216 kg 集めました。これは先月に比べて，新聞は 20％ 増え，雑誌は 10％ 減りましたが，全体では 16 kg 増えました。今月集めた新聞と雑誌の重さをそれぞれ求めなさい。〔16 点〕

1			
2	(1)	(2)	(3)
	(4)	(5)	(6)
3	$y=$	$a=$	
4	大人	中学生	
5	Ａ町から＂Ｂ町	Ｂ町からＣ町	
6	新聞	雑誌	

1	2	3	4	5	6
/8点	/36点	/8点	/16点	/16点	/16点

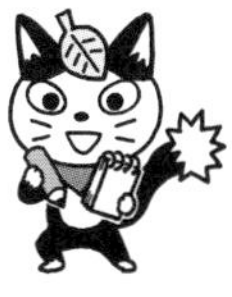

3章 1次関数

1節 1次関数

テストに出る！ 教科書の **ココ**が**要点**

さらっとまとめ （赤シートを使って，□に入るものを考えよう。）

1 1次関数 **教** p.68〜p.69

・y が x の関数で，y が x の1次式で表されるとき，y は x の　1次関数　であるといい，一般に　$y=ax+b$　（a，b は定数，$a \neq 0$）と表される。

2 1次関数の値の変化 **教** p.70〜p.72

・1次関数 $y=ax+b$ では，変化の割合は　一定　であり，a に等しい。

$$（変化の割合）=\frac{（\boxed{y}\ の増加量）}{（\boxed{x}\ の増加量）}=\boxed{a}$$

3 1次関数のグラフ **教** p.73〜p.77

・1次関数 $y=ax+b$ のグラフは，$y=ax$ のグラフを，y 軸の正の向きに　b　だけ平行移動させた直線である。また，この直線は　傾き　が a，　切片　が b である。

・$a>0$ のとき，x の値が増加すれば　y の値も増加　し，グラフは　右上がり　の直線になる。

・$a<0$ のとき，x の値が増加すれば　y の値は減少　し，グラフは　右下がり　の直線になる。

4 1次関数の式の求め方 **教** p.78〜p.80

・1次関数の式を求めるためには，$y=ax+b$ の　a，　b　の値を求めればよい。

例 傾きが4，切片が2の直線の式は，$y=\boxed{4x+2}$

スピード確認 （□に入るものを答えよう。答えは，下にあります。）

1
□ 次の⑦〜⊕のうち，y が x の1次関数であるものは ① 。

⑦ $y=2x+1$　　④ $y=-x$　　⑤ $y=5x^2$　　⊕ $y=\dfrac{2}{x}$

2
□ 1次関数 $y=5x+2$ の変化の割合は ② である。

□ 1次関数 $y=3x+4$ で，x の値が1増加したときの y の増加量は ③ である。

3
□ 1次関数 $y=2x+4$ のグラフは，$y=2x$ のグラフを y 軸の正の方向に ④ だけ平行移動させた直線である。

□ 1次関数 $y=3x-5$ のグラフは，傾き ⑤ ，切片 ⑥ ，右 ⑦ の直線である。

4
□ 傾きが2で，点 $(2,\ 3)$ を通る直線の式は，$y=2x+b$ に $x=2$，$y=3$ を代入して $b=$ ⑧ だから，$y=$ ⑨

① _____
② _____
③ _____
④ _____
⑤ _____
⑥ _____
⑦ _____
⑧ _____
⑨ _____

答 ①⑦，④ ②5 ③3 ④4 ⑤3 ⑥−5 ⑦上がり ⑧−1 ⑨2x−1

基礎力UP テスト対策問題

1 1次関数の値の変化　次の1次関数について変化の割合を答えなさい。また，x の増加量が3のときの y の増加量を求めなさい。

(1)　$y = 3x + 4$

(2)　$y = -x + 4$

(3)　$y = \dfrac{1}{2}x + 4$

(4)　$y = -\dfrac{1}{3}x - 1$

絶対に覚える!

■ $y = a\,x + b$
　　　↑
　　変化の割合

■ a は，x の値が1だけ増加したときの，y の増加量を表す。

2 1次関数のグラフ　次の⑦～⊇の1次関数があります。

⑦　$y = 4x - 2$

④　$y = -3x + 1$

⑨　$y = -\dfrac{2}{3}x - 2$

⊇　$y = 4x + 3$

(1)　それぞれのグラフの傾きと切片を答えなさい。

(2)　グラフが右下がりの直線になるのはどれですか。

(3)　グラフが平行になるのはどれとどれですか。

ポイント

■ $y = ax + b$ で，
$a > 0$ ➡ 右上がり
$a < 0$ ➡ 右下がり

グラフが平行ならば，傾きが等しいよ。

3 1次関数の式の求め方　次の1次関数の式を求めなさい。

(1)　傾きが -2 で，点 $(-1, 4)$ を通る直線

(2)　切片が4で，点 $(3, 1)$ を通る直線

(3)　2点 $(1, 5)$, $(3, 9)$ を通る直線

ポイント

求める1次関数の式を $y = ax + b$ とおき，a，b の値を求める。

3 (3)　傾きは，
$\dfrac{(y \text{の増加量})}{(x \text{の増加量})} = \dfrac{9-5}{3-1}$

**3章 1次関数
1節 1次関数**

⏱20分

/9問中

1 1次関数　水が2L入っている水そうに，一定の割合で水を入れます。水を入れ始めてから5分後には，水そうの中の水の量は22Lになりました。

(1)　1分間に，水の量は何Lずつ増えましたか。

(2)　水を入れ始めてからx分後の水そうの中の水の量をyLとして，yをxの式で表しなさい。

2 変化の割合　次の1次関数について，変化の割合をいいなさい。また，xの値が2から6まで増加したときのyの増加量を求めなさい。

(1)　$y=3x-6$

(2)　$y=\dfrac{1}{4}x+3$

3 1次関数のグラフ　次の1次関数について，グラフの傾きと切片を答えなさい。

(1)　$y=5x-3$

(2)　$y=-2x$

4 🔍よく出る　1次関数のグラフ　次の1次関数のグラフをかきなさい。

(1)　$y=3x-1$

(2)　$y=-2x+5$

(3)　$y=\dfrac{2}{3}x+1$

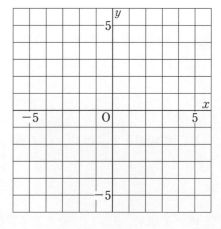

成績UPナビ

2 xの増加量は，$6-2=4$である。yの増加量は，$a×(x$の増加量$)$の式で求める。

4 傾きと切片に着目してかく。または，適当な2点をとってかくこともできる。

テストに出る！

予想問題 ②

3章 1次関数
1節 1次関数

⏱20分

/10問中

1 1次関数のグラフ　次の㋐～㋕の1次関数のなかから，下の(1)～(4)にあてはまるものをすべて選び，その記号で答えなさい。

㋐　$y = 4x - 5$　　　　　㋑　$y = -2x - 4$　　　　　㋒　$y = 4x + 3$

㋓　$y = \dfrac{2}{3}x - \dfrac{1}{6}$　　　　㋔　$y = -\dfrac{2}{3}x + 2$　　　　㋕　$y = \dfrac{3}{4}x - 5$

(1)　グラフが右上がりの直線になるもの　　(2)　グラフが $(-3,\ 2)$ を通るもの

(3)　グラフが平行になるものの組　　　　(4)　グラフが y 軸上で交わるものの組

2 1次関数の式　右の図の直線(1)～(3)の式を求めなさい。

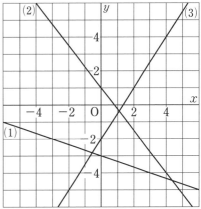

3 🔍よく出る　1次関数の式　次の(1)～(3)で，y が x の1次関数であるとき，y を x の式で表しなさい。

(1)　変化の割合が2で，$x = 1$ のとき $y = 3$

(2)　グラフが点 $(1,\ 2)$ を通り，切片が -1

(3)　グラフが2点 $(-3,\ -1)$，$(6,\ 5)$ を通る

2 y 軸との交点は，切片を表す。ます目の交点にある点をもう1つ見つけ，傾きを求める。
3 (3)　2点の座標から傾きを求める。または，連立方程式をつくって求める。

2節 方程式とグラフ　　3節 1次関数の利用

テストに出る！ 教科書の ココ が 要点

さらっとまとめ（赤シートを使って，□に入るものを考えよう。）

1 2元1次方程式のグラフ 教 p.82〜p.85

・2元1次方程式 $ax+by=c$ のグラフは 直線 である。

とくに，

$a=0$ のとき ➡ x 軸に平行 な直線になる。

$b=0$ のとき ➡ y 軸に平行 な直線になる。

> どの軸と平行になる
> か確かめよう！

2 グラフと連立方程式 教 p.86〜p.87

・x，y についての連立方程式の解は，

それぞれの方程式のグラフの 交点 の x 座標 ， y 座標 の組である。

スピード確認（□に入るものを答えよう。答えは，下にあります。）

1

□ 方程式 $3x-y=3$ のグラフは，この式を y について解くと，

$y=$ ①

よって，傾きが ② ，切片が ③ の直線になる。

① ＿＿＿＿＿＿

② ＿＿＿＿＿＿

③ ＿＿＿＿＿＿

□ 方程式 $2y-6=0$ のグラフは，この式を y について解くと，

$y=$ ④

よって，点 $(0,$ ⑤ $)$ を通り， ⑥ 軸に平行な直線になる。

④ ＿＿＿＿＿＿

⑤ ＿＿＿＿＿＿

□ 方程式 $3x-12=0$ のグラフは，この式を x について解くと，

$x=$ ⑦

よって，点 $($ ⑧ $, 0)$ を通り， ⑨ 軸に平行な直線になる。

⑥ ＿＿＿＿＿＿

⑦ ＿＿＿＿＿＿

⑧ ＿＿＿＿＿＿

2

□ 連立方程式 $\begin{cases} 2x-y=3 & \cdots\cdots ⑦ \\ x+2y=4 & \cdots\cdots ① \end{cases}$ の

解を，グラフを利用して求める。

⑦，①のグラフは，右の図のように

★⑦ $y=2x-3$ 　① $y=-\dfrac{1}{2}x+2$

なるから，その交点の座標をグラフ

から読み取ると，$($ ⑩ $,$ ⑪ $)$。

したがって，連立方程式の解は，$\begin{cases} x= ⑩ \\ y= ⑪ \end{cases}$ となる。

⑨ ＿＿＿＿＿＿

⑩ ＿＿＿＿＿＿

⑪ ＿＿＿＿＿＿

基礎力UP テスト対策問題

1 2元1次方程式のグラフ　次の方程式のグラフをかきなさい。

(1)　$x - y = -3$

(2)　$2x + y - 1 = 0$

(3)　$y - 4 = 0$

(4)　$5x - 10 = 0$

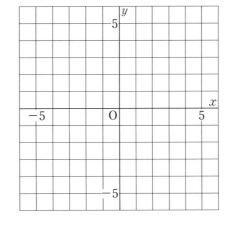

絶対に覚える!

$ax + by = c$ のグラフをかくには,
$y = \bigcirc x + \square$
↑　　↑
傾き　切片
の形に変形するか,
2点の座標を求めてかく。

2 グラフと連立方程式　次の連立方程式の解を，グラフを使って求めなさい。

$$\begin{cases} x - 2y = -6 & \cdots\cdots ① \\ 3x - y = 2 & \cdots\cdots ② \end{cases}$$

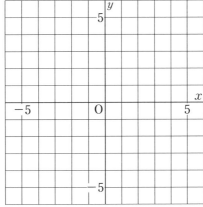

絶対に覚える!

連立方程式の解とグラフの関係を理解しておこう。

連立方程式の解
$$\begin{cases} x = \bigcirc \\ y = \triangle \end{cases}$$

⇕

交点の座標
$(\bigcirc, \triangle)$

3 グラフと連立方程式　下の図について，次の問いに答えなさい。

(1)　①，②の直線の式を求めなさい。

(2)　2直線の交点の座標を求めなさい。

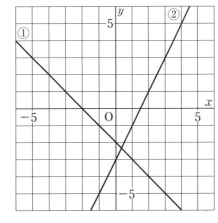

3 (2)　交点の座標は，グラフからは読み取れないので，①，②の式を連立方程式として解いて求める。

テストに出る！

予想問題 ❶

3章 1次関数
2節 方程式とグラフ

⏱20分

／8問中

1 ♀よく出る　2元1次方程式のグラフ　次の方程式のグラフをかきなさい。

(1)　$2x+3y=6$

(2)　$x-4y-4=0$

(3)　$-3x-1=8$

(4)　$2y+3=-5$

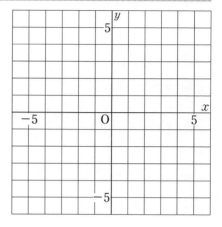

2 グラフと連立方程式　次の(1)〜(3)の連立方程式の解について，⑦〜⑨のなかからあてはまるものを選び，記号で答えなさい。

(1)　$\begin{cases} 3x+y=7 \\ 6x+2y=-2 \end{cases}$
　　(2)　$\begin{cases} 4x-3y=9 \\ 5x+y=16 \end{cases}$
　　(3)　$\begin{cases} 6x-3y=3 \\ 12x-6y=6 \end{cases}$

> ⑦　2つのグラフは平行で交点がないので，解はない。
>
> ⑦　2つのグラフは一致するので，解は無数にある。
>
> ⑨　2つのグラフは1点で交わり，解は1組だけある。

3 グラフと連立方程式　次の連立方程式の解を，グラフをかいて求めなさい。

$\begin{cases} 2x-3y=6 & \cdots\cdots① \\ y=-4 & \cdots\cdots② \end{cases}$

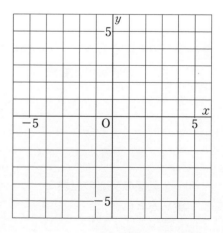

　2 それぞれの方程式を，$y=ax+b$ の形に変形してから調べる。(1)は傾きが等しい直線，
　　(3)は傾きも切片も等しい直線になることがわかる。

テストに出る！

予想問題 ❷

3章 1次関数
3節 1次関数の利用

⏱20分

/7問中

1 よく出る　**1次関数と図形**　右の図の長方形 ABCD で，点Pは B を出発して，辺上を C，D を通って A まで動きます。点PがBから x cm 動いたときの △ABP の面積を y cm^2 とします。

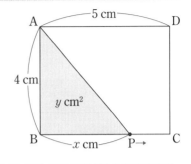

(1)　点Pが辺 BC 上にあるとき，y を x の式で表しなさい。

(2)　点Pが辺 CD 上にあるとき，y の値を求めなさい。

(3)　点Pが辺 AD 上にあるとき，y を x の式で表しなさい。また，そのときの x の変域を求めなさい。

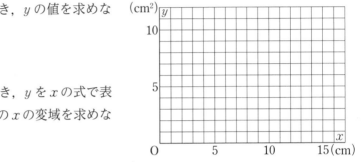

(4)　△ABP の面積の変化のようすを表すグラフをかきなさい。

2　**1次関数のグラフの利用**　兄は午前 9 時に家を出発し，東町までは自転車で走り，東町から西町までは歩きました。右のグラフは，兄が家を出発してからの時間と道のりの関係を表したものです。

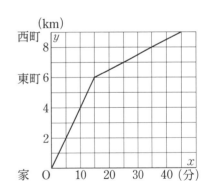

(1)　兄が東町まで自転車で走ったときの速さは，分速何mか求めなさい。

(2)　兄が東町から西町まで歩いたときの速さは，分速何mか求めなさい。

(3)　弟は午前 9 時 15 分に家を出発し，分速 400 m で，自転車で兄を追いかけました。弟が兄に追い着く時刻を，グラフをかいて求めなさい。

成績 UP ナビ

1 (1)　$y = AB \times BP \div 2$　　(2)　$y = AB \times AD \div 2$　　(3)　$y = AB \times AP \div 2$

2 (1)　グラフから，10 分間に 4 km 進んでいる。

テストに出る！

章末予想問題

3章 1次関数

⏱ 30分

/100点

1 1次関数 $y = -2x + 2$ について，次の問いに答えなさい。　　　5点×2〔10点〕

(1) この関数のグラフの傾きと切片を答えなさい。

(2) x の増加量が3のときの y の増加量を求めなさい。

2 次の(1)～(3)で，y が x の1次関数であるとき，y を x の式で表しなさい。　10点×3〔30点〕

(1) $x = 4$ のとき $y = -3$ で，x の値が2だけ増加すると，y の値は1だけ減少する

(2) グラフが2点 $(-1,\ 7)$，$(3,\ -5)$ を通る

(3) グラフと x 軸との交点が $(3,\ 0)$，y 軸との交点が $(0,\ -4)$

3 右の図について，次の問いに答えなさい。　　10点×2〔20点〕

(1) 2直線 ℓ，m の交点Aの座標を求めなさい。

(2) 2直線 m，n の交点Bの座標を求めなさい。

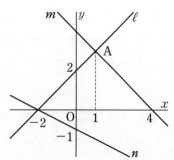

満点ゲット作戦

$y = ax + b$ のグラフは，直線 $y = ax$ に平行で，点 $(0, b)$ を通る直線である。グラフ：$a > 0 \rightarrow$ 右上がり，$a < 0 \rightarrow$ 右下がり

ココ が 要 点 を再確認	もう一歩	合格
0	70	85 100点

4 水を熱し始めてからの時間と水温の関係は右の表のようになりました。熱し始めてから x 分後の水温を y ℃ として，x と y

時間（分）	0	1	2	3	4
水温（℃）	22	28	34	39	46

の関係をグラフに表すと，ほぼ $(0, 22)$，$(4, 46)$ を通る直線上に並ぶことから，y は x の 1 次関数であるとみなすことができます。 10点×2〔20点〕

(1) y を x の式で表しなさい。

(2) 水温が 94 ℃ になるのは，水を熱し始めてから何分後だと予想できますか。

5 差がつく 姉は，家から **12 km** 離れた東町まで行き，しばらくしてから帰ってきました。右の図は，姉が家を出発してから x 時間後の家からの道のりを y **km** として，x と y の関係を表したものです。 10点×2〔20点〕

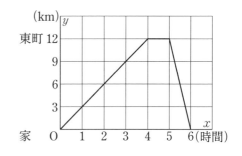

(1) x の変域が $5 \leqq x \leqq 6$ のとき，y を x の式で表しなさい。

(2) 姉が東町に着くと同時に，妹は家から時速 **4 km** の速さで歩いて東町に向かいました。2 人は家から何 **km** 離れた地点で出会いますか。

1	(1) 傾き	切片	(2)
2	(1)	(2)	(3)
3	(1)	(2)	
4	(1)	(2)	
5	(1)	(2)	

1	/10点	**2**	/30点	**3**	/20点	**4**	/20点	**5**	/20点

1節 角と平行線

テストに出る! 教科書の ココ が 要点

さらっとまとめ（赤シートを使って，□に入るものを考えよう。）

1 いろいろな角，平行線と角　教 p.100〜p.103

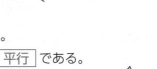

・2直線が交わっているとき，向かい合う2つの角を
　 対頂角 という。

・ 対頂角 は等しい。

・2直線に1つの直線が交わるとき，次の①，②がいえる。

　① 2直線が 平行 ならば， 同位角 や 錯角 は等しい。

　② 同位角 または 錯角 が等しければ，その2直線は 平行 である。

2 三角形の角，多角形の内角と外角　教 p.104〜p.111

・三角形の 内角 の和は180°である。

・三角形の 外角 は，それととなり合わない2つの内角の和に等しい。

・n角形の内角の和は， $180° \times (n-2)$ である。

・n角形の外角の和は 360° である。

スピード確認（□に入るものを答えよう。答えは，下にあります。）

1

□ 右の図で，対頂角は等しいので，
　∠a＝∠ ① ，∠b＝∠ ②
　★向かい合う角が対頂角である。

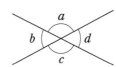

□ 右の図で，ℓ∥m のとき，
　∠x の同位角は ∠ ③
　∠x の錯角は ∠ ④
　∠x＝70° ならば，
　∠a＝∠c＝ ⑤ ，∠b＝∠d＝ ⑥

2

□ 三角形の内角の和は， ⑦ である。

□ 右の図で，∠x の大きさは， ⑧ である。
　★115°＝∠x＋80° の関係より求める。

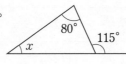

□ 十一角形の内角の和は， ⑨ である。
　★180°×(11−2) より求める。

□ 九角形の外角の和は， ⑩ である。
　★多角形の外角の和は，いつでも360°である。

①＿＿＿＿＿
②＿＿＿＿＿
③＿＿＿＿＿
④＿＿＿＿＿
⑤＿＿＿＿＿
⑥＿＿＿＿＿
⑦＿＿＿＿＿
⑧＿＿＿＿＿
⑨＿＿＿＿＿
⑩＿＿＿＿＿

答 ①c ②d ③a ④c ⑤70° ⑥110° ⑦180° ⑧35° ⑨1620° ⑩360°

基礎力UP テスト対策問題

1 平行線と角　下の図で，$\ell /\!/ m$ のとき，次の問いに答えなさい。

(1)　∠a の同位角を答えなさい。

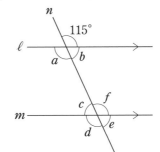

(2)　∠b の錯角を答えなさい。

(3)　∠c の対頂角を答えなさい。

(4)　∠a〜∠f の大きさを求めなさい。

2 多角形の内角の和　右の六角形について，次の問いに答えなさい。

(1)　1つの頂点から，何本の対角線がひけますか。

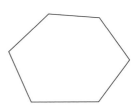

(2)　(1)の対角線によって，何個の三角形に分けられますか。

(3)　六角形の内角の和を求めなさい。

3 多角形の内角と外角　次の問いに答えなさい。
(1)　七角形の内角の和を求めなさい。

(2)　正九角形の1つの内角の大きさを求めなさい。

(3)　十角形の外角の和を求めなさい。

(4)　正十五角形の1つの外角の大きさを求めなさい。

ポイント

平行線の性質
2直線に1つの直線が交わるとき，
①同位角は等しい。
②錯角は等しい。

2 (3)　三角形の内角の和が$180°$であることをもとにして，六角形の内角の和を導く。

絶対に覚える！

■ n角形の内角の和
　➡$180° \times (n-2)$
■ n角形の外角の和
　➡$360°$

正多角形の内角や外角の大きさは，すべて等しくなるね。

33

テストに出る！

予想問題 **1**

4章 平行と合同
1節 角と平行線

⏱20分

/9問中

1 対頂角　右の図について，次の問いに答えなさい。

(1)　∠a の対頂角はどれですか。

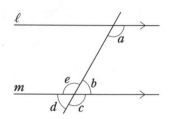

(2)　∠a，∠b，∠c，∠d の大きさを求めなさい。

2 同位角・錯角　右の図で，ℓ∥m のとき，次の問いに答えなさい。

(1)　∠a の同位角，錯角はどれですか。

(2)　∠a＝120° のとき，∠b，∠c，∠d，∠e の大きさを求めなさい。

3 平行線と角　右の図について，次の問いに答えなさい。

(1)　平行であるものを記号∥を使って示しなさい。

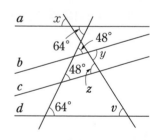

(2)　∠x，∠y，∠z，∠v のうち，等しい角の組を答えなさい。

4 ♀よく出る　平行線と角　次の図で，ℓ∥m のとき，∠x の大きさを求めなさい。

(1)

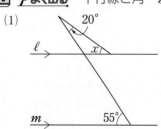

(2)

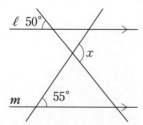

(3)

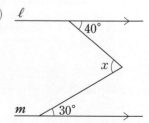

成績UPナビ

2 (2)　ℓ∥m より，同位角は等しいから，∠a＝∠c となる。
3 (1)　同位角か錯角が等しければ，2直線は平行となる。

テストに出る！
予想問題 ❷

4章 平行と合同
1節 角と平行線

⏱20分

／9問中

1 多角形の外角の和の説明　右の六角形について，次の問いに答えなさい。

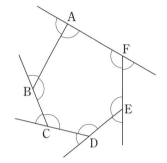

(1)　頂点Aの内角と外角の和は何度ですか。

(2)　6つの頂点の内角と外角の和をすべて加えると何度ですか。

(3)　(2)から六角形の内角の和をひいて，六角形の外角の和を求めなさい。ただし，n 角形の内角の和が，$180° \times (n-2)$ であることを使ってもよいです。

2 多角形の内角と外角　次の問いに答えなさい。

(1)　右の図のように，A，B，C，D，E，F，G，H を頂点とする多角形があります。この多角形の内角の和を求めなさい。

(2)　内角の和が $1440°$ である多角形は何角形か求めなさい。

(3)　1つの外角が $45°$ である正多角形は正何角形か求めなさい。

3 🔍よく出る　多角形の内角と外角　次の図で，$\angle x$ の大きさを求めなさい。

(1)
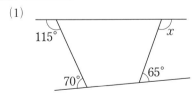

(2)
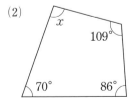

(3)
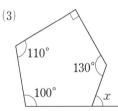

1 (3) 六角形の内角の和が，$180° \times (6-2)$ であることをもとにして，六角形の外角の和を導く。
2 (2) $180° \times (n-2) = 1440°$ として，n についての方程式を解く。

2節 図形の合同

テストに出る！ 教科書の **ココ** が **要点**

📖 さらっとまとめ （赤シートを使って，□に入るものを考えよう。）

1 合同な図形　教 p.116〜p.117

・移動させて重ね合わせることができる2つの図形は，| 合同 | である。

・四角形 ABCD と四角形 A′B′C′D′ が合同であることを，

　四角形 ABCD | ≡ | 四角形 A′B′C′D′ と表す。

・合同な図形では，対応する| 線分の長さ | や| 角の大きさ | はそれぞれ等しい。

2 三角形の合同条件　教 p.118〜p.119

　① | 3組の辺 | がそれぞれ等しい。

　② | 2組の辺とその間の角 | がそれぞれ等しい。

　③ | 1組の辺とその両端の角 | がそれぞれ等しい。

3 仮定と結論　教 p.124〜p.125

・「a ならば b」ということがらで，a を| 仮定 |，b を| 結論 |という。

☑ スピード確認 （□に入るものを答えよう。答えは，下にあります。）

1 □ 右の図で，△ABC と △A′B′C′ が合同であるとき，△ABC ① △A′B′C′ と表され，対応する線分は，AB＝A′B′，BC＝②，AC＝③ また，対応する角は，∠A＝∠A′，∠B＝④，∠C＝⑤

① _____

② _____

③ _____

④ _____

2 □ 右の図で △ABC≡ ⑥ である。合同条件は ⑦ がそれぞれ等しい。

★記号≡を使うとき，頂点は対応する順に書く。

3 cm，60°，6 cm，6 cm，60°，3 cm

⑤ _____

⑥ _____

⑦ _____

□ 右の図で △GHI≡ ⑧ である。合同条件は ⑨ がそれぞれ等しい。

G，4 cm，3 cm，5 cm，H，I，J，3 cm，L，5 cm，4 cm，K

⑧ _____

⑨ _____

⑩ _____

⑪ _____

3 □ 「x が8の倍数 ならば x は4の倍数」ということがらでは，「x が8の倍数」の部分を ⑩ ，「x は4の倍数」の部分を ⑪ という。

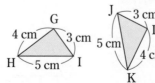

基礎力UP テスト対策問題

1 合同な図形　右の図で2つの四角形が合同であるとき，次の問いに答えなさい。

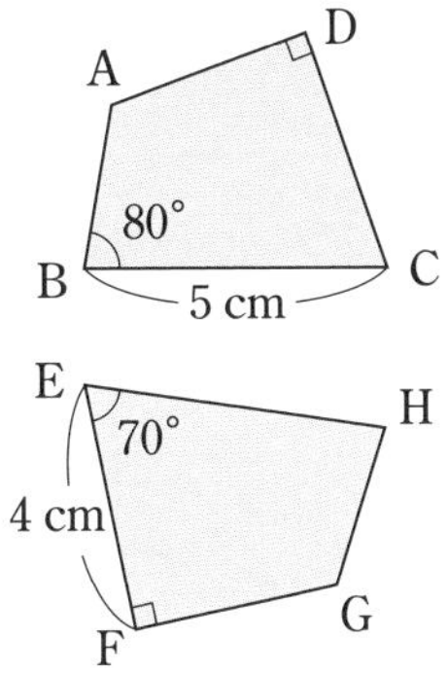

(1)　2つの四角形が合同であることを，記号≡を使って表しなさい。

(2)　辺 CD，辺 EH の長さをそれぞれ求めなさい。

(3)　∠C，∠G の大きさをそれぞれ求めなさい。

(4)　対角線 AC，対角線 FH に対応する対角線をそれぞれ求めなさい。

1 (3)　∠G＝∠A
∠A の大きさは，四角形 ABCD の内角の和が 360° であることより求める。

(4)　合同な図形では，対応する対角線の長さも等しくなる。

> 対角線だけではなく，高さも等しくなるよ。

2 三角形の合同条件　右の △ABC と△DEF で，AB＝DE，BC＝EF です。このほかにどんな条件をつけ加えれば，△ABC≡△DEF になりますか。つけ加える条件を1つ答えなさい。また，そのときの合同条件を答えなさい。

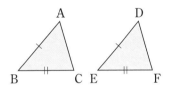

2 合同条件にあてはめて考える。

3 仮定と結論　次のことがらについて，仮定と結論を答えなさい。

(1)　△ABC≡△DEF ならば ∠B＝∠E である。

(2)　x が4の倍数 ならば x は偶数である。

(3)　正三角形の3つの辺の長さは等しい。

絶対に覚える！

a ならば b
└仮定　└結論

テストに出る！

予想問題 ❶

4章 平行と合同
2節 図形の合同

⏱20分

/8問中

❶ 🔍よく出る　**三角形の合同条件**　下の図で，合同な三角形が3組あります。それぞれを，記号 ≡ を使って表しなさい。また，そのときに使った合同条件を答えなさい。

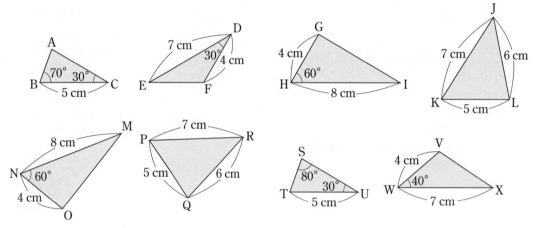

❷ **三角形の合同条件**　次のそれぞれの図形で，合同な三角形を記号≡を使って表しなさい。また，そのときに使った合同条件を答えなさい。ただし，同じ印をつけた辺や角は，それぞれ等しいとします。

(1)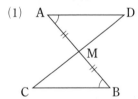

(2)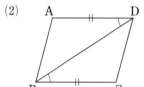

(3)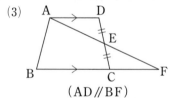
（AD∥BF）

❸ **仮定と結論**　次のことがらについて，仮定と結論をそれぞれ答えなさい。

(1)　△ABC≡△DEF ならば AB=DE である。

(2)　$x=4$，$y=2$ ならば $x-y=2$ である。

❶ 合同な図形の頂点は，対応する順に書く。
❷ 対頂角が等しいことや，共通な辺に注目する。

テストに出る！
予想問題 ❷

4章 平行と合同
2節 図形の合同

⏱ 20分
／6問中

1 証明　下の図で，**AB＝CD，AB∥CD** ならば，**AD＝CB** となることを証明します。

(1)　このことがらの仮定と結論を答えなさい。

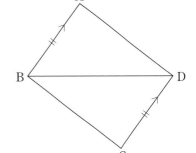

(2)　次の □ をうめて，証明を完成させなさい。

　［証明］　△ABD と △CDB で，

$$AB＝\boxed{①} \quad ……仮定$$

$$BD＝\boxed{②} \quad ……共通な辺$$

$$∠ABD＝\boxed{③} \quad ……(ア)$$

　したがって，

$$△ABD≡\boxed{④} \quad ……(イ)$$

　これより，

$$AD＝\boxed{⑤} \quad ……(ウ)$$

(3)　(ア)～(ウ)の根拠となっていることがらを答えなさい。

2 ♀よく出る　証明　右の図で，**AB＝AC，AE＝AD** ならば，
∠ABE＝∠ACD となることを証明しなさい。

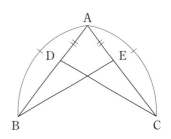

1 AD と CB を辺にもつ △ABD と △CDB の合同を示し，結論を導く。
2 △ABE と △ACD の合同を証明する。

テストに出る!

章末予想問題

4章 平行と合同

⏱ 30分

/100点

1 右の図について，次の問いに答えなさい。 5点×4〔20点〕

(1) ∠e の同位角を答えなさい。

(2) ∠j の錯角を答えなさい。

(3) 直線①と②が平行であるとき，∠c＋∠h は何度 ですか。

(4) ∠c＝∠i のとき，∠g と大きさが等しい角をすべて答えなさい。

2 下の図で，∠x の大きさを求めなさい。 5点×6〔30点〕

(1)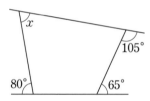

(2)

(3)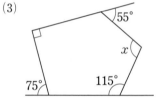

(4) ℓ // m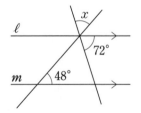

(5) ℓ // m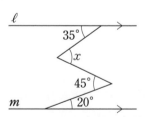

(6)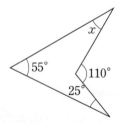

3 次の問いに答えなさい。 5点×2〔10点〕

(1) 正九角形の1つの外角の大きさを求めなさい。

(2) 内角の和が 1800° である多角形は何角形ですか。

4 右の図で, AC=AE, ∠ACB=∠AED ならば,

BC=DE となることを, 次のように証明しました。□

をうめ, (ア), (イ)の根拠になっていることがらを答えなさい。

6点×5〔30点〕

〔証明〕　△ABC と [(1) ▢] で,

　　仮定から,　　　　AC=[(2) ▢]　……①

　　　　　　　　∠ACB=∠AED　……②

　　共通な角だから, ∠A=∠A　　……③

　　①, ②, ③から,（　　（ア）　　）ので,

　　　　　　△ABC≡[(1) ▢]

　　（　　（イ）　　）から, BC=[(3) ▢]

5 差がつく　右の図で, AC=DB, ∠ACB=∠DBC ならば,

AB=DC となることを証明しなさい。　　〔10点〕

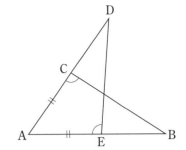

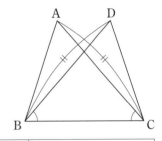

1	(1)	(2)	(3)	(4)

2	(1)	(2)	(3)
	(4)	(5)	(6)

3	(1)	(2)	

	(1)	(2)	(3)
4	(ア)		
	(イ)		

5	

1節 三角形

テストに出る！ 教科書の **ココ**が**要点**

さらっとまとめ（赤シートを使って，□に入るものを考えよう。）

1 二等辺三角形の性質 教 p.136〜p.138

・用語の意味を，はっきりと簡潔に述べたものを，その用語の 定義 という。

・二等辺三角形の定義… 2つの辺 が等しい三角形。

・二等辺三角形の等しい2辺の間の角を 頂角 ，
頂角に対する辺を 底辺 ，底辺の両端の角を 底角 という。

・すでに証明されたことがらのうちで，根拠としてよく使われるものを
定理 という。

・二等辺三角形の性質 (定理)…1 2つの底角 は等しい。

　　　　　　　　　　　　　　2 頂角の二等分線は，底辺を 垂直に二等分 する。

頂角

底角　　底角

底辺

2 二等辺三角形であるための条件，正三角形 教 p.139〜p.141

・ 2つの角 が等しい三角形は，等しい2つの角を 底角 とする二等辺三角形である。

・ある定理の仮定と結論を入れかえたものを，その定理の 逆 という。

・正三角形の定義… 3つの辺 が等しい三角形。

・正三角形の性質 (定理)… 3つの角 は等しい。

3 直角三角形の合同条件 教 p.142〜p.145

・直角三角形の直角に対する辺を 斜辺 という。

・直角三角形の合同条件…1 斜辺と 他の1辺 がそれぞれ等しい。

　　　　　　　　　　　　　2 斜辺と 1鋭角 がそれぞれ等しい。

斜辺

スピード確認（□に入るものを答えよう。答えは，下にあります。）

□ 右の図は，AB＝AC の二等辺三角形 ABC
　で，AD は頂角の二等分線である。

(1) 二等辺三角形の ① は等しいから，

　　∠C＝∠B＝ ②°

(2) 頂角の二等分線は，底辺に垂直だから，

　　　∠ADB＝ ③°

　　∠BAD＝180°−(90°＋ ④°)＝ ⑤°

(3) 頂角の二等分線は，底辺を垂直に二等分するから，

　　BD＝$\frac{1}{2}$BC＝ ⑥ cm

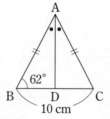

A

62°

B　　D　　C

10 cm

①＿＿＿＿＿＿

②＿＿＿＿＿＿

③＿＿＿＿＿＿

④＿＿＿＿＿＿

⑤＿＿＿＿＿＿

⑥＿＿＿＿＿＿

1

答 ①底角 ②62 ③90 ④62 ⑤28 ⑥5

 基礎力UP テスト対策問題

1 二等辺三角形の性質　下のそれぞれの図で，同じ印をつけた辺や角は等しいとして，∠x の大きさを求めなさい。

(1)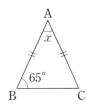

(2)

(3)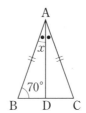

2 二等辺三角形であるための条件　右の図の △ABC で AB＝AC，BD＝CE のとき，△ADE は二等辺三角形であることを，次のように証明しました。□ をうめなさい。

〔証明〕　△ABD と △[ア]□ で，

　　仮定から，　　　　　AB＝[イ]□　　……①

　　　　　　　　　　　　BD＝[ウ]□　　……②

　　二等辺三角形 ABC の底角は等しいから，

　　　　　　　　∠ABD＝∠[エ]□　　……③

　　①，②，③から，[オ]□ が

　　それぞれ等しいから，

　　　　　　　　△ABD≡△[カ]□

　　対応する辺だから，　AD＝AE

　　2つの辺が等しいので，△ADE は二等辺三角形である。

2 △ABC は二等辺三角形なので，底角が等しい。

AD と AE を辺にもつ2つの三角形の合同を証明するんだね。

3 直角三角形の合同条件　下の図で，合同な直角三角形が2組あります。記号≡を使って表しなさい。また，そのときに使った直角三角形の合同条件を答えなさい。

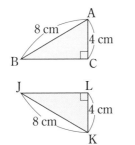

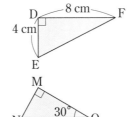

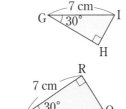

3 合同な直角三角形を見つけるときは，「斜辺と他の1辺」「斜辺と1鋭角」が等しいか調べる。

5章 三角形と四角形
1節 三角形

🕐 20分

／7問中

1 二等辺三角形の性質　右の図の △ABC で，AD＝BD＝CD
のとき，次の角の大きさを求めなさい。

(1)　∠ADB　　　　　　(2)　∠ABC

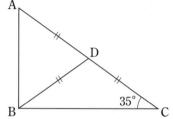

2 二等辺三角形の頂角の二等分線　右の図の △ABC で，
AB＝BC，∠B の二等分線と辺 AC との交点を D とします。

(1)　∠x と ∠y の大きさをそれぞれ求めなさい。

(2)　AD の長さを求めなさい。

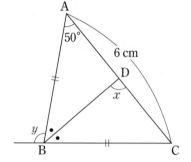

3 二等辺三角形であるための条件　右の図の二等辺三角形
ABC で，2つの底角の二等分線の交点を P とします。

(1)　△PBC はどのような三角形になりますか。

(2)　∠A＝68° のとき，∠BPC の大きさを求めなさい。

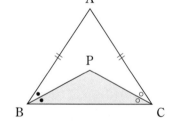

4 🔍よく出る　二等辺三角形であるための条件　右の図のよう
に，長方形 ABCD を対角線 BD で折り返したとき，重なっ
た部分の △FBD は二等辺三角形になることを証明しなさい。

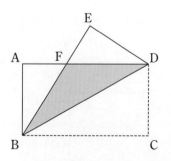

3 (2)　∠BPC＝180°−(∠PBC＋∠PCB)＝180°−(180°−∠A)÷2
4 長方形 ABCD は，AD∥BC であることを利用して，2つの角が等しいことを導く。

テストに出る！

予想問題 ❷

5章 三角形と四角形
1節 三角形

⏱20分

／6問中

1 逆　次の(1)～(3)について，それぞれの逆を答えなさい。また，それが成り立つかどうかも調べなさい。

(1)　$a=4$，$b=3$ ならば $a+b=7$ である。

(2)　2直線に1つの直線が交わるとき，2直線が平行 ならば 同位角は等しい。

(3)　二等辺三角形の2つの角は等しい。

2 直角三角形の合同条件　右の図で，△ABC は AB＝AC の二等辺三角形です。頂点 B，C から辺 AC，AB にそれぞれ垂線 BD，CE をひきます。

(1)　AD＝AE を証明するには，どの三角形とどの三角形が合同であることを示せばよいですか。

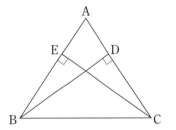

(2)　BE＝CD を証明するには，どの三角形とどの三角形が合同であることを示せばよいですか。また，そのときに使う直角三角形の合同条件を答えなさい。

3 🔍よく出る　直角三角形の合同条件　右の図のように，∠AOB の二等分線上の点Pがあります。点Pから直線 OA，OB へ垂線をひき，OA，OB との交点をそれぞれ C，D とします。このとき，PC＝PD であることを証明しなさい。

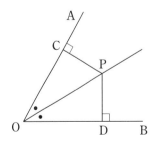

1 定理の逆は，定理の仮定と結論を入れかえたものである。正しくないときは，あることがらの仮定を満たしているが，結論を満たしていない例（反例）を1つあげればよい。

2節 四角形　　3節 三角形や四角形の性質の利用

テストに出る! 教科書の **ココ**が**要点**

さらっとまとめ（赤シートを使って, □に入るものを考えよう。）

1 平行四辺形の性質　教 p.148〜p.151

・四角形の向かい合う辺を 対辺 , 向かい合う角を 対角 という。

・平行四辺形の定義… 2組の対辺 がそれぞれ 平行 な四角形。

・平行四辺形の性質 (定理)… ① 2組の 対辺 はそれぞれ等しい。

　　　　　　　　　　　　　　② 2組の 対角 はそれぞれ等しい。

　　　　　　　　　　　　　　③ 2つの 対角線 はそれぞれの 中点 で交わる。

2 平行四辺形であるための条件　教 p.152〜p.155

・平行四辺形の定義と性質①〜③のどれか, または「1組の対辺が 平行 で 等しい 」

　ことがいえればよい。

3 いろいろな四角形　教 p.156〜p.158

・ひし形の定義… 4つの辺 が等しい四角形。

・長方形の定義… 4つの角 が等しい四角形。

・正方形の定義… 4つの辺 が等しく, 4つの角 が等しい四角形。

・ひし形の対角線… 垂直 に交わる。

・長方形の対角線… 長さ が等しい。

・正方形の対角線… 垂直 に交わり, 長さ が等しい。

4 平行線と面積　教 p.159〜p.160

・底辺が共通な三角形では, 高さが等しければ 面積 も等しい。

　例 右の図で, $\ell /\!/ m$ であるとき, △PAB＝△QAB

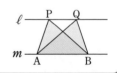

スピード確認 (□に入るものを答えよう。答えは, 下にあります。)

□ 右の □ABCD について答えなさい。

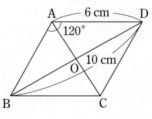

(1) 平行四辺形の対辺は等しいから,

　BC＝AD＝ ① cm

(2) 平行四辺形の対角は等しいから,

　∠BCD＝∠BAD＝ ② °

(3) 平行四辺形の対角線は,

　それぞれの ③ で交わるから,

　BO＝DO＝$\dfrac{1}{2}$BD＝ ④ cm

答 ①6　②120　③中点　④5

基礎力UP テスト対策問題

1 平行四辺形の性質　次の(1), (2)の□ABCDで, x, y の値をそれぞれ求めなさい。また, そのときに使った平行四辺形の性質を答えなさい。

(1)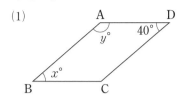

(2)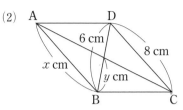

2 平行四辺形であるための条件　右の図の□ABCDの対角線の交点をOとし, 対角線BD上に, BE=DF となるように2点E, Fをとれば, 四角形 AECF は平行四辺形であることを, 次のように証明しました。□をうめなさい。

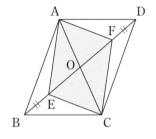

〔証明〕　平行四辺形の対角線は, それぞれの［ア　　　］で交わるから,

OA=［イ　　　］……①

OB=［ウ　　　］……②

仮定から, 　BE=DF　……③

②, ③から, 　OE=［エ　　　］……④

①, ④から, 2つの［オ　　　］がそれぞれの［カ　　　］で交わるから, 四角形 AECF は平行四辺形である。

絶対に覚える!

平行四辺形であるための条件
(定義) 2組の対辺がそれぞれ平行。
① 2組の対辺がそれぞれ等しい。
② 2組の対角がそれぞれ等しい。
③ 2つの対角線がそれぞれの中点で交わる。
④ 1組の対辺が平行で等しい。

3 平行線と面積　□ABCD の辺 BC の中点をEとします。

(1) △AEC と面積が等しい三角形を2つ答えなさい。

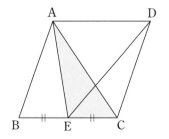

(2) △AEC の面積が $20\,cm^2$ のとき, □ABCD の面積を求めなさい。

テストに出る！
予想問題 ❶

5章 三角形と四角形
2節 四角形

⏱20分

／3問中

1 平行四辺形の性質　右の図で，△ABC は AB＝AC の二等辺三角形です。また，点 D，E，F はそれぞれ辺 AB，BC，CA 上の点で，AC∥DE，AB∥FE です。

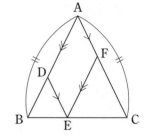

(1)　∠DEF＝52° のとき，∠C の大きさを求めなさい。

(2)　DE＝3 cm，EF＝5 cm のとき，辺 AB の長さを求めなさい。

2 🔍よく出る　平行四辺形であるための条件　右の図の▱ABCD で，∠AEB＝∠CFD＝90° のとき，四角形 AECF は平行四辺形であることを，次のように証明しました。□ をうめなさい。

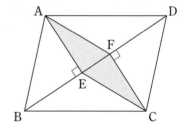

〔証明〕　△ABE と ⟨ア□⟩ で，

　　仮定から，∠AEB＝∠CFD＝⟨イ□⟩　……①

　　平行四辺形の対辺だから，

　　　　　AB＝⟨ウ□⟩　……②

　　平行線の錯角だから，

　　　　　∠ABE＝⟨エ□⟩　……③

　　①，②，③から，⟨オ□⟩ がそれぞれ等しい直角三角形なので，

　　　　　△ABE≡△CDF

　　したがって，AE＝⟨カ□⟩　……④

　　また，∠AEF＝∠CFE＝90°

　　錯角が等しいから，AE∥⟨キ□⟩　……⑤

　　④，⑤から，⟨ク□⟩ から，

　　四角形 AECF は平行四辺形である。

成績 UP ナビ

1 AF∥DE，AD∥FE だから，四角形 ADEF は平行四辺形となる。
2 ⟨ク⟩は平行四辺形であるための条件から考える。

テストに出る！

予想問題 ❷

5 章 三角形と四角形
2節 四角形　3節 三角形や四角形の性質の利用

⏱20分

/8問中

1 特別な平行四辺形　下の図は，平行四辺形が長方形，ひし形，正方形になるためには，どんな条件を加えればよいかまとめたものです。□にあてはまる条件を，⑦〜⑰のなかからすべて選びなさい。

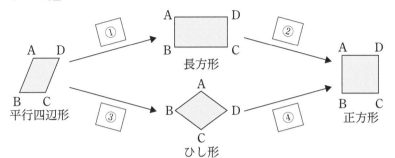

⑦　AD∥BC
⑦　AB＝BC
⑦　AC⊥BD
⑦　∠A＝90°
⑦　AB∥DC
⑦　AC＝BD

2 平行線と面積　右の図で，▱ABCD の辺 BC の中点を
E とし，AC と DE との交点を F とします。

(1)　△ABE，△ABC と面積が等しい三角形を 2 つずつ答
えなさい。

(2)　△AFE と面積が等しい三角形を答えなさい。

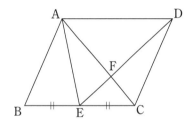

3 🔍**よく出る**　平行線と面積　右の図で，BC の延長
上に点 E をとり，四角形 ABCD と面積が等しい
△ABE をかきなさい。また，下の□をうめて，
四角形 ABCD＝△ABE の証明を完成させなさい。

〔証明〕　四角形 ABCD＝△ABC＋①□

　　　△ABE＝△ABC＋②□

　　　AC∥DE から，△ACD＝③□

　　　したがって，四角形 ABCD＝△ABE

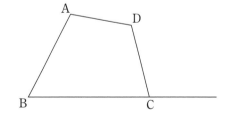

1 長方形，ひし形，正方形の定義と，それぞれの対角線の性質から考える。
3 点Dを通り，AC に平行な直線をひき，辺 BC の延長との交点をEとする。

テストに出る！

章末予想問題 5章 三角形と四角形

① 30分

/100点

1 次の図で，同じ印をつけた辺や角は等しいとして，∠x，∠yの大きさを求めなさい。

4点×6〔24点〕

(1)

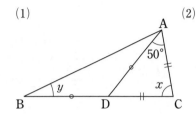

(2)

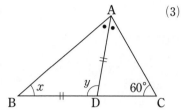

(3)

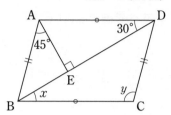

2 右の図で，△ABC は AB＝AC の二等辺三角形です。BE＝CD のとき，△FBC は二等辺三角形になります。このことを，△EBC と △DCB の合同を示すことによって証明しなさい。

〔15点〕

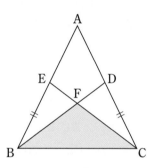

3 右の図で，△ABC は ∠A＝90° の直角二等辺三角形です。∠B の二等分線が辺 AC と交わる点を D とし，D から辺 BC に垂線 DE をひきます。　4点×4〔16点〕

(1) △ABD と合同な三角形を記号≡を使って表しなさい。また，そのときに使った合同条件を答えなさい。

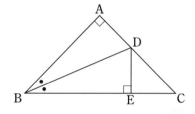

(2) 線分 DE と長さの等しい線分を 2 つ答えなさい。

4 右の図で，□ABCD の ∠BAD，∠BCD の二等分線と辺 BC，AD との交点を，それぞれ P，Q とします。このとき，四角形 APCQ が平行四辺形になることを証明しなさい。

〔15点〕

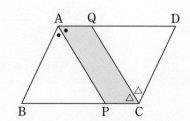

満点ゲット作戦

特別な三角形，四角形の定義や性質（定理）は絶対暗記。
面積が等しい三角形は，平行線に注目して考える。

ココ が 要点 を再確認　もう一歩　合格
0　　　　　　70　85　100点

5 右の図の長方形 ABCD で，P，Q，R，S はそれぞれ辺 AB，
BC，CD，DA の中点です。四角形 PQRS は，どんな四角形に
なりますか。　　　　　　　　　　　　　　　　　〔15点〕

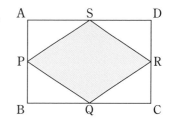

6 差がつく　右の図で，□ABCD の対角線 AC に平行な
直線をひき，辺 AB，BC との交点をそれぞれ E，F としま
す。このとき，△AED と面積が等しい三角形をすべて答
えなさい。　　　　　　　　　　　　　　　　　〔15点〕

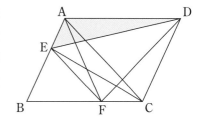

1	(1) ∠x＝　　　　　∠y＝	(2) ∠x＝　　　　　∠y＝
	(3) ∠x＝　　　　　∠y＝	

2	

3	(1)	
	(2)	

4	

5		

6	

6章 データの比較と箱ひげ図

1節 箱ひげ図　　2節 箱ひげ図の利用

テストに出る！ 教科書の**ココ**が**要点**

📖 **さらっとまとめ**（赤シートを使って，□に入るものを考えよう。）

1 四分位数　教 p.170〜p.171

・データを小さい順に並べる。このとき，4等分した位
置にある値を 四分位数 といい，小さいほうから順
に 第1四分位数 ， 第2四分位数 ， 第3四分位数
という。

中央値は， 第2四分位数 になる。

第3四分位数と第1四分位数との差を， 四分位範囲
という。

データの個数が偶数のとき

第1四分位数　　第3四分位数
第2四分位数

データの個数が奇数のとき

第1四分位数　第2四分位数　第3四分位数

2 箱ひげ図　教 p.172〜p.173

・箱ひげ図では，次のことが表されている。

・長方形（箱）の左端が 第1四分位数 を，
右端が 第3四分位数 を表す。

・箱の中の縦線は 第2四分位数 を表す。

・左端の縦線が 最小値 ，
右端の縦線は 最大値 を表す。

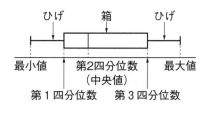

ひげ　　箱　　ひげ

最小値　第2四分位数　最大値
　　　（中央値）
第1四分位数　　第3四分位数

✅ **スピード確認**（□に入るものを答えよう。答えは，下にあります。）

1
　□　次のデータは，2年生1組の男子14人の1週間の読書時間の
　　データである。このデータから，四分位数を求める。

　　　0，1，1，2，2，2，3，3，3，4，4，4，5，7（時間）

　　第2四分位数は，中央値と一致する。データの数が14で ①
　　だから，第2四分位数は，$\dfrac{②+③}{2}$＝ ④ （時間）

　　★データの個数が偶数のときは，中央の2つの数の平均をとる。

　　次に，最小値をふくむ組と最大値をふくむ組にデータを2等分
　　する。

　　第1四分位数は，最小値をふくむ組の中央値だから， ⑤ 時間，

　　第3四分位数は，最大値をふくむ組の中央値だから， ⑥ 時間

　　になる。四分位範囲は ⑦ 時間である。

　　★（四分位範囲）＝（第3四分位数）−（第1四分位数）

① ＿＿＿＿＿
② ＿＿＿＿＿
③ ＿＿＿＿＿
④ ＿＿＿＿＿
⑤ ＿＿＿＿＿
⑥ ＿＿＿＿＿
⑦ ＿＿＿＿＿

答 ▶ ①偶数　②3　③3　④3　⑤2　⑥4　⑦2

基礎力UP テスト対策問題

1 四分位数　次のデータは2年生1組の女子15人の1週間の読書時間である。

　1, 1, 2, 3, 3, 4, 4, 4, 4, 5, 5, 5, 6, 6, 7（時間）

(1)　第2四分位数を求めなさい。

(2)　第1四分位数を求めなさい。

(3)　第3四分位数を求めなさい。

(4)　四分位範囲を求めなさい。

絶対に覚える!

■第2四分位数
➡データを小さい順に並べたときの中央値
■第1四分位数
➡中央値を境にして，最小値をふくむ組の中央値
■第3四分位数
➡中央値を境にして，最大値をふくむ組の中央値

2 箱ひげ図　次のデータは2年生2組の男子と女子の1週間の読書時間のデータを並べたものです。

1週間の読書時間

男子	0	1	1	2	2	2	2	3	3	4	4	4	5	6	7
女子	0	1	2	3	3	3	4	4	4	5	5	6	6	7	

（時間）

(1)　男子の四分位数を求めなさい。

(2)　女子の四分位数を求めなさい。

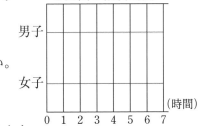

1週間の読書時間

(3)　男子と女子の箱ひげ図を書きなさい。

(4)　箱ひげ図からどのようなことがいえますか。

ポイント

データの分布のようすを比べるときは，範囲はかけ離れた値の影響を受けるが，四分位範囲はその影響を受けにくいことに注意する。

テストに出る！
予想問題

6章 データの比較と箱ひげ図
1節 箱ひげ図　2節 箱ひげ図の利用

⏰ 20分

／7問中

1 箱ひげ図　ある公園を訪れた人の数を 21 日間調べて箱ひげ図に表しました。

ある公園を訪れた人の数

0　25　50　75　100　125　150　175（人）

(1)　中央値を求めなさい。

(2)　第 1 四分位数と第 3 四分位数を求めなさい。

(3)　四分位範囲は，箱ひげ図のどこの長さになるか答えなさい。

(4)　120 人を超えた日は 10 日間以上ありましたか。

2 箱ひげ図　次のデータは，9 人の生徒に 10 点満点の漢字のテストを行った結果です。

4，3，6，1，10，7，7，5，3（点）

(1)　このデータの箱ひげ図を，下の①〜③から選びなさい。

①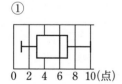
0　2　4　6　8　10（点）

②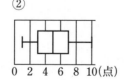
0　2　4　6　8　10（点）

③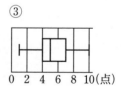
0　2　4　6　8　10（点）

(2)　あとで 1 名の生徒がテストを受けました。この生徒の成績をふくめて箱ひげ図をかいた
ところ，同じ箱ひげ図になりました。追加で受けた生徒の点数を求めなさい。

2 (1)　自分で箱ひげ図を作成して考える。
　　(2)　中央値も変わっていないことに注意する。

テストに出る！
章末予想問題

6章 データの比較と箱ひげ図

⏱20分

/100点

1 A中学の野球部とB中学の野球部の10試合の得点の記録は以下のようでした。

16点×5〔80点〕

A中学	2	3	6	4	5	3	0	1	2	2	
B中学	3	4	5	6	6	2	3	4	1	1	(点)

(1) A中学のデータの四分位数をそれぞれ求めなさい。

(2) 下の図に，2つのデータの箱ひげ図をかきなさい。

(3) A中学とB中学の箱ひげ図を比べて，データの分布のようすについてわかることを答えなさい。

2 次の図は，クラスの生徒20人の1週間の学習時間のデータを箱ひげ図に表したものです。下の①〜③のうち，この図から読み取れることで正しいものをすべて選びなさい。〔20点〕

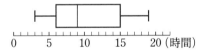

① 平均学習時間は9時間である。
② 6時間以上10時間未満の生徒よりも10時間以上15時間未満の生徒のほうが多い。
③ 9時間以上学習する生徒が半分はいる。

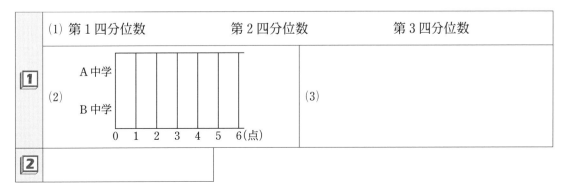

|1| (1) 第1四分位数　　　　　第2四分位数　　　　　　第3四分位数 |
| (2) A中学　B中学　0 1 2 3 4 5 6(点)　(3) |
|2| |

|1| /80点 |2| /20点 |

1節 確率 (1)

テストに出る！　**教科書の ココ が 要点**

さらっとまとめ（赤シートを使って，□に入るものを考えよう。）

1 確率の求め方　教 p.184〜p.187

・どの場合が起こることも同じ程度に期待できるとき，　同様に確からしい　という。

・起こり得る場合が全部で n 通りあって，そのどれが起こることも
同様に確からしいとする。そのうち，ことがら A の起こる場合が
a 通りあるとき，

$$\text{A の起こる確率}\quad p = \frac{a}{n}$$

・確率 p の範囲は，　$0 \le p \le 1$

・$p = \boxed{1}$ のとき，そのことがらは必ず起こる。

・$p = \boxed{0}$ のとき，そのことがらは絶対に起こらない。

確率は1より大きく
はならないよ。

☑ スピード確認（□に入るものを答えよう。答えは，下にあります。）

□ あることがらの起こりやすさの程度を数で表したものを，その
ことがらの起こる $\boxed{①}$ という。

□ 1個のさいころを投げるとき，3の目が出ることは $\boxed{②}$ 回に1
回起こると期待されるので，その確率は $\dfrac{1}{\boxed{③}}$ である。

同じように考えると，
1個のさいころを投げるとき，
6の目が出る確率は $\boxed{④}$ ，
7の目が出る確率は $\boxed{⑤}$ である。

□ 赤玉3個，白玉2個，青玉1個が入っている袋から，玉を1個
取り出すとき，

・赤玉が出る確率は，$\dfrac{\boxed{⑥}}{6} = \dfrac{\boxed{⑦}}{2}$

★玉は袋に6個入っているから，玉の取り出し方は全部で6通り。

・赤玉または青玉が出る確率は，$\dfrac{\boxed{⑧}}{6} = \dfrac{\boxed{⑨}}{3}$

・緑玉が出る確率は，$\dfrac{\boxed{⑩}}{6} = \boxed{⑪}$

★袋の中に緑玉は入っていない。

① _____
② _____
③ _____
④ _____
⑤ _____
⑥ _____
⑦ _____
⑧ _____
⑨ _____
⑩ _____
⑪ _____

答 ①確率 ②6 ③6 ④$\frac{1}{6}$ ⑤0 ⑥3 ⑦1 ⑧4 ⑨2 ⑩0 ⑪0

基礎力UP テスト対策問題

1 確率の求め方　1個のさいころを投げるとき，次の問いに答えなさい。

(1)　起こりうる場合は全部で何通りですか。

（Aの起こる確率）
$=\dfrac{（Aの起こる場合の数）}{（すべての場合の数）}$

(2)　(1)のどれが起こることも，同様に確からしいといえますか。

1 (2)　さいころは，正しくできているものとして考える。

(5)　2以下となるのは，1，2。

(6)　6の約数となるのは，1，2，3，6。

(3)　偶数の目が出る出方は何通りですか。

(4)　偶数の目が出る確率を求めなさい。

ある整数をわり切ることができる整数が約数だよ。

(5)　2以下の目が出る確率を求めなさい。

(6)　6の約数の目が出る確率を求めなさい。

2 確率の求め方　1～9までの数が1つずつ書かれた9枚のカードがあります。このカードをよくきって1枚引くとき，次の確率を求めなさい。

(1)　5以上の数のカードを引く確率

(2)は，必ず起こることがらの確率である。

(2)　1けたの数のカードを引く確率

(3)　10以上の数のカードを引く確率

テストに出る！

予想問題 ①

7章 確率
1節 確率 (1)

⏱ 20分

／9問中

1 起こりやすさ　次の文章は，さいころの目の出方について説明したものです。⑦～⓪のうち，正しいものを選びなさい。

⑦　さいころを6回投げるとき，1の目は必ず1回出る。

⑦　さいころを1回投げるとき，偶数の目が出る確率と奇数の目が出る確率は同じである。

⑦　さいころを1回投げるとき，1の目のほうが6の目よりも出やすい。

⓪　さいころを1回投げて6の目が出たら，次にこのさいころを投げるときは，6の目が出る確率は $\frac{1}{6}$ より小さくなる。

2 確率の求め方　さいころを1回投げるとき，次の確率を求めなさい。

(1)　素数である確率

(2)　6の約数である確率

3 確率の求め方　袋 **A，B** があり，袋Aには赤玉2個と白玉1個，袋Bには赤玉4個と白玉2個が入っています。それぞれの袋から玉を1個取り出すとき，次の問いに答えなさい。

(1)　袋Aから赤玉の出る確率を求めなさい。

(2)　袋Bから赤玉の出る確率を求めなさい。

(3)　赤玉が出やすいのはどちらの袋ですか。

(4)　それぞれの袋に赤玉を1つ加えたとき，赤玉が出る確率が高いのはどちらの袋ですか。

(5)　それぞれの袋に白玉を1つ加えたとき，赤玉が出る確率が高いのはどちらの袋ですか。

(6)　それぞれの袋の中から白玉を1つ減らしたとき，赤玉の出る確率が高いのはどちらの袋ですか。

1 「同様に確からしい」「確率」の意味を考える。
2 (1) まず，6以下の素数を考える。

テストに出る！
予想問題 ②

7章 確率
1節 確率 (1)

⏱20分

／9問中

1 確率の意味　1の目が出る確率が $\frac{1}{6}$ であるさいころがあります。このさいころを投げる

とき，どのようなことがいえますか。下の①～⑤のなかから正しいものを1つ選びなさい。

①　6回投げるとき，1回は必ず4の目が出る。

②　6回投げるとき，1から6までの目が必ず1回ずつ出る。

③　5回投げて，1の目が1度も出ないときは，6回目に必ず1の目が出る。

④　3000回投げるとき，1の目はおよそ500回出る。

⑤　300回投げるとき，1の目は必ず50回出る。

2 確率の求め方　1，2，3，…，20の数が1つずつ書かれた20枚のカードがあります。この

カードをよくきって1枚引きます。

⑴　起こり得る場合は全部で何通りありますか。また，どの場合が起こることも同様に確か

らしいといえますか。

⑵　引いた1枚のカードに書かれた数が偶数である確率を求めなさい。

⑶　引いた1枚のカードに書かれた数が4の倍数である確率を求めなさい。

⑷　引いた1枚のカードに書かれた数が20の約数である確率を求めなさい。

3 🔍**よく出る**　確率の求め方　ジョーカーを除いた52枚のトランプから1枚引くとき，次の

確率を求めなさい。

⑴　引いたカードが，ダイヤ(◆)である確率

⑵　引いたカードが，エース(A)である確率

⑶　引いたカードが，3以下である確率

⑷　引いたカードが，18である確率

1 確率が $\frac{1}{6}$ とは，ほぼ6回に1回起こることが期待されるということである。

3 トランプのマークは4種類で，それぞれ1～13まである。

1節 確率(2)　　2節 確率の利用

テストに出る！　教科書の ココ が 要点

📕 さらっとまとめ （赤シートを使って，□に入るものを考えよう。）

1 確率の求め方の工夫　教 p.188〜p.191

・起こり得るすべての場合を整理して数え上げるとき，│ 樹形図 │を利用するとよい。その
ほか，表に整理するほうがわかりやすいときもある。

　例　2枚の硬貨を同時に投げるとき，表，裏の出方は，右の樹形図
　　　より，4通りある。

・Aの起こる確率を p とすると，

　　（Aの起こらない確率）＝1−│ p │

　例　1個のさいころを投げたとき，1の目の出ない確率は，$1-\dfrac{1}{6}=\boxed{\dfrac{5}{6}}$

✅ スピード確認 （□に入るものを答えよう。答えは，下にあります。）

□　大小2個のさいころを投げるとき，

・出る目の数の和が7である確率は，
右の表より，出る目の数の和が7で
ある場合が│ ① │通りあるので，

$$\dfrac{①}{36}=\dfrac{②}{6}$$

小 大	1	2	3	4	5	6
1	2	3	4	5	6	⑦
2	3	4	5	6	⑦	8
3	4	5	6	⑦	8	9
4	5	6	⑦	8	9	10
5	6	⑦	8	9	10	11
6	⑦	8	9	10	11	12

・出る目の数の和が4である確率は，
出る目の数の和が4である場合が│ ③ │通りあるので，

$$\dfrac{③}{36}=\dfrac{④}{12}$$

・出る目の数の和が9以上である確率は，

$$\dfrac{⑤}{36}=\dfrac{⑥}{18}$$

□　2枚の硬貨を投げるとき，少なくとも1枚は表が
出る確率を考える。2枚とも裏である確率は，

$$\dfrac{\boxed{⑦}}{4}$$ だから，少なくとも1枚は表が出る確率は，

$$\boxed{⑧}-\dfrac{1}{4}=\dfrac{\boxed{⑨}}{4}$$

★（少なくとも1枚は表が出る確率）＝1−（2枚とも裏が出る確率）

①
②
③
④
⑤
⑥
⑦
⑧
⑨

「少なくとも〜」
は，Aの起こら
ない確率を利用
して求めるよ。

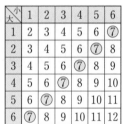

答　①6　②1　③3　④1　⑤10　⑥5　⑦1　⑧1　⑨3

基礎力UP テスト対策問題

1 確率の求め方の工夫　箱の中に，⚀，⚁，⚂の3枚のカードが入っています。この箱から2枚のカードを続けて取り出し，取り出した順に左から並べて2けたの整数をつくります。

(1)　起こり得る場合が全部で何通りあるか，樹形図をかいて求めなさい。

(2)　その整数が3の倍数である確率を求めなさい。

ポイント

数えもれがないように，樹形図をかく。

```
①<②
①<
②<②
②<
 <
```

2 確率の求め方の工夫　2個のさいころを投げるとき，出る目の数の和について，次の問いに答えなさい。

(1)　右の表は，2個のさいころを，A，Bで表し，出る目の数の和を調べたものです。空らんをうめなさい。

A\B	1	2	3	4	5	6
1	2	3				
2	3					
3						
4						
5						
6						

(2)　出る目の数の和が8である確率を求めなさい。

(3)　出る目の数の和が4の倍数である確率を求めなさい。

2 (2)　8である場合が，何通りあるか，表から求める。

4の倍数であるのは，4，8，12のときだね。

3 起こらない確率　1個のさいころを投げるとき，次の確率を求めなさい。

(1)　偶数の目が出る確率と，出ない確率

(2)　4以下の目が出る確率と，出ない確率

絶対に覚える！

ことがらAの起こらない確率＝1−（Aの起こる確率）

7章 確率
1節 確率 (2)

⏱ 20分　／9問中

1 確率の求め方の工夫　3人がけのいすに，A，B，Cの3人ですわります。

(1) 右の樹形図は，3人がすわる順番が何通りあるかを調べるために途中までかいたものです。樹形図を完成させて，3人のすわり方が何通りあるか求めなさい。

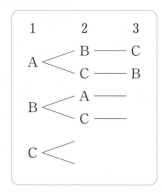

```
   1        2        3
         ┌ B ── C
   A ┤
         └ C ── B
         ┌ A ──
   B ┤
         └ C ──
   C ┤
```

(2) Cが真ん中の席になる確率を求めなさい。

2 確率の求め方の工夫　A，B，Cの3人がじゃんけんを1回します。

(1) グー，チョキ，パーを，それぞれ㋐，㋑，㋚と表して，樹形図をかきなさい。

(2) A 1人が勝つ確率を求めなさい。

(3) あいこになる確率を求めなさい。

3 🔵よく出る　確率の求め方の工夫　2個のさいころを投げるとき，出る目の数の積について，次の問いに答えなさい。

(1) 右の表は，2個のさいころを，A，Bで表し，出る目の数の積を調べたものです。空らんをうめて，表を完成させなさい。

A＼B	1	2	3	4	5	6
1	1	2	3			
2	2	4				
3	3					
4						
5						
6						

(2) 次の確率を求めなさい。

① 出る目の数の積が12になる確率

② 出る目の数の積が24以上である確率

③ 出る目の数の積が9の倍数である確率

成績 UP↗ナビ

1 もれや重複がないように，すべての場合を，樹形図で表す。

3 (2)③　9の倍数となるのは，積が9，18，36である場合である。

テストに出る！

予想問題 ❷

7章 確率
1節 確率 (2)　　2節 確率の利用

⏱20分

/12問中

1 起こらない確率　1個のさいころを投げるとき，次の確率を求めなさい。

(1)　1の目が出る確率

(2)　1の目が出ない確率

(3)　奇数の目が出る確率

(4)　奇数の目が出ない確率

(5)　3以下の目が出る確率

(6)　3以下の目が出ない確率

2 確率の利用　A，B，C，D，Eの5人がいるとき，次の確率を求めなさい。

(1)　書記を2人選ぶとき，AとBが選ばれる確率を求めなさい。

(2)　班長，副班長を1人ずつ選ぶとき，Cが班長，Dが副班長に選ばれる確率を求めなさい。

3 🔎**よく出る**　確率の利用　5本のうち2本の当たりくじが入っているくじがあります。引いたくじはもどさずに，A，Bの2人が，この順に1本ずつくじを引きます。

(1)　当たりくじに①，②，はずれくじに③，④，⑤の番号をつけ，A，Bのくじの引き方が何通りあるか，樹形図をかいて調べなさい。

(2)　次の確率を求めなさい。
　　①　先に引いたAが当たる確率。　　　②　あとに引いたBが当たる確率

(3)　くじを先に引くのと，あとに引くのとで，どちらが当たりやすいですか。

成績
UP
ナビ

1 (ことがらAの起こらない確率)＝1－(Aの起こる確率)
2 (1)　樹形図をかいて求めるが，A-B と B-A は同じであることに注意する。

テストに出る！
章末予想問題 7章 確率

⏱20分

/100点

1 A，B，C の 3 人の男子と，D，E の 2 人の女子がいます。この 5 人の中からくじびきで 1 人の委員を選ぶとき，⑦，①のことがらの起こりやすさは同じであるといえますか。〔10点〕

⑦ 男子が委員に選ばれる　　① 女子が委員に選ばれる

2 右の 5 枚のカードの中から 2 枚のカードを取り出し，先に取り出したほうを十の位の数，あとから取り出したほうを一の位の数とする 2 けたの整数をつくります。　　15点×3〔45点〕

(1) 2 けたの整数は何通りできますか。

(2) その整数が偶数になる確率を求めなさい。

(3) その整数が 5 の倍数になる確率を求めなさい。

3 6 本のうち 1 本が当たりであるくじを，A，B の 2 人がこの順に 1 本ずつ引きます。引いたくじは元に戻さないものとして，次の確率を求めなさい。　　15点×3〔45点〕

(1) A が当たりくじを引く確率

(2) B が当たりくじを引く確率

(3) 2 人ともはずれくじを引く確率

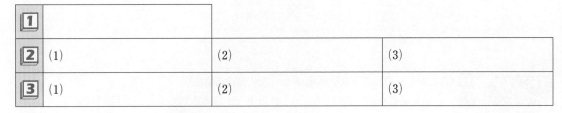

1			
2	(1)	(2)	(3)
3	(1)	(2)	(3)

1　　/10点　**2**　　/45点　**3**　　/45点

中間・期末の攻略本

解答と解説

大日本図書版　数学2年

1章　式と計算

p.3　テスト対策問題

1 (1) 係数 -5　　次数 3

(2) 項 $4x$, $-3y^2$, 5　　次数 2

2 (1) $3x+10y$　　(2) a^2-3a

(3) $8x-7y$　　(4) $2x-3y$

3 (1) $6x^2y$　　(2) $-12abc$

(3) $32x^2y^2$　　(4) $9x$

(5) $-2b$　　(6) $-3ab$

4 (1) $10x-15y$　　(2) $4x-2y$

解説

1 (2) 多項式の次数は, 多項式の各項の次数のうちで最も高いものだから,

$4x+(-3y^2)+5$ より, 次数は 2

　次数1　次数2 定数項

2 (1) $5x+4y-2x+6y$

$=5x-2x+4y+6y=3x+10y$

(3) $(7x+2y)+(x-9y)$

$=7x+2y+x-9y=8x-7y$

(4) $(5x-7y)-(3x-4y)$

$=5x-7y-3x+4y=2x-3y$

3 (1) $3x\times2xy=3\times2\times x\times x\times y=6x^2y$

(3) $-8x^2\times(-4y^2)$

$=(-8)\times(-4)\times x\times x\times y\times y=32x^2y^2$

(4) $36x^2y\div4xy=\dfrac{36x^2y}{4xy}=\dfrac{36\times x\times x\times y}{4\times x\times y}=9x$

(6) $(-9ab^2)\div3b=-\dfrac{9ab^2}{3b}=-\dfrac{9\times a\times b\times b}{3\times b}$

$=-3ab$

4 (1) $5(2x-3y)$

$=5\times2x+5\times(-3y)=10x-15y$

---

p.4　予想問題 ❶

1 (1) 項 x^2y, xy, $-3x$, 2　　3次式

(2) 項 $-s^2t^2$, st, 8　　4次式

2 (1) $4x^2-2x$　　(2) $7ab$

(3) $7a-4b$　　(4) $-3a+1$

(5) $4a-b$　　(6) $4x-5y+5$

3 (1) $12xy$　　(2) $-3mn$　　(3) $-2ab^2$

(4) $\dfrac{ab^2}{5}$　　(5) $-27y$　　(6) $-\dfrac{2b}{a}$

(7) $\dfrac{a^4}{3}$　　(8) $-\dfrac{1}{x^2}$

解説

2 ポイント　$-(\ \ )$ の形のかっこをはずすときは, 各項の符号が変わるので注意する。

(4) $(a^2-4a+3)-(a^2+2-a)$

$=a^2-4a+3-a^2-2+a=-3a+1$

(6) ひく式の各項の符号を変えて加えてもよい。

$$\begin{array}{r}5x-2y-3\\-)\ x+3y-8\end{array}\ \Rightarrow\ \begin{array}{r}5x-2y-3\\+)-x-3y+8\\\hline 4x-5y+5\end{array}$$

3 ミス注意！　$(-b)^2$ と $-b^2$ のちがいに注意！

(3) $-2a\times(-b)^2$

$=-2a\times(-b)\times(-b)=-2ab^2$

(5) $\dfrac{1}{3}xy$ の逆数は, $\dfrac{3}{xy}$

$(-9xy^2)\div\dfrac{1}{3}xy=(-9xy^2)\times\dfrac{3}{xy}$

$=-\dfrac{9\times x\times y\times y\times3}{x\times y}=-27y$

(8) $(-12x)\div(-2x)^2\div3x$

$=(-12x)\div4x^2\div3x=-\dfrac{12x}{4x^2\times3x}$

$=-\dfrac{12\times x}{4\times x\times x\times3\times x}=-\dfrac{1}{x^2}$

1
(1) $-15a-5b+10$ (2) $2x+y-5$
(3) $-3x+5y$ (4) $-8a+6b-2$
(5) $10x-23y$ (6) $3a^2+2a+2$
(7) $\dfrac{13x+5y}{12}$ (8) $\dfrac{-4a-7b}{6}$

2
(1) ① -48 ② 4
(2) ① 7 ② 4

解説

1 ミス注意！ 負の数をかけるときは，符号に注意する。

(2) $(-6x-3y+15)\times\left(-\dfrac{1}{3}\right)$

$=-6x\times\left(-\dfrac{1}{3}\right)-3y\times\left(-\dfrac{1}{3}\right)+15\times\left(-\dfrac{1}{3}\right)$

$=2x+y-5$

(3) $(-6x+10y)\div2=\dfrac{-6x+10y}{2}$

$=\dfrac{-6x}{2}+\dfrac{10y}{2}=-3x+5y$

別解 $(-6x+10y)\div2=(-6x+10y)\times\dfrac{1}{2}$

$=-6x\times\dfrac{1}{2}+10y\times\dfrac{1}{2}=-3x+5y$

(7) ポイント 通分してから分子を計算する。

$\dfrac{x+2y}{3}+\dfrac{3x-y}{4}=\dfrac{4(x+2y)+3(3x-y)}{12}$

$=\dfrac{4x+8y+9x-3y}{12}=\dfrac{13x+5y}{12}$

(8) $\dfrac{2a-3b}{2}-\dfrac{5a-b}{3}$

$=\dfrac{3(2a-3b)-2(5a-b)}{6}$

$=\dfrac{6a-9b-10a+2b}{6}=\dfrac{-4a-7b}{6}$

2 ポイント 式の値を求めるときは，式を簡単にしてから数を代入すると求めやすくなる。

(1) ② $-4x^2y=-4\times\left(-\dfrac{1}{2}\right)^2\times(-4)$

$=-4\times\dfrac{1}{4}\times(-4)=4$

(2) ② $\dfrac{1}{2}(6a-4b)-\dfrac{1}{3}(6a-12b)$

$=3a-2b-2a+4b=a+2b$

この式に $a=-2$，$b=3$ を代入すると，

$a+2b=(-2)+2\times3=4$

1
(1) ⑦，⑦ (2) ⑰，⑱

2 $3n$

3 $11x+11y$

4
(1) $x=2y-3$ (2) $x=2y+6$
(3) $x=-2y+4$ (4) $y=\dfrac{7x-11}{6}$

解説

2 $(n-1)+n+(n+1)$

$=n-1+n+n+1=3n$

3 $(10x+y)+(10y+x)$

$=10x+y+10y+x=11x+11y$

4 (3) $5x+10y=20$

$5x=-10y+20$

$x=-2y+4$

(4) $7x-6y=11$

$-6y=-7x+11$

$y=\dfrac{7x-11}{6}$

1
(1) 赤道 $2\pi r$ (m)，ひも $2\pi(r+3)$ (m)
(2) 6π (m)

2
(1) ア 半径…$3a$ 高さ…$4a$
 イ 半径…$4a$ 高さ…$3a$
(2) イ (3) 同じ (4) イ

解説

1 (1) 赤道の長さ

$=$(地球の半径)$\times2\times$(円周率)

$=r\times2\times\pi=2\pi r$ (m)

ひもの長さ

$=$(地球の半径$+3$)$\times2\times$(円周率)

$=(r+3)\times2\times\pi$

$=2\pi(r+3)$ (m)

(2) $2\pi(r+3)-2\pi r$

$=2\pi r+6\pi-2\pi r=6\pi$ (m)

2 (2) ア $9\pi a^2\times4a=36\pi a^3$ (cm³)

イ $16\pi a^2\times3a=48\pi a^3$ (cm³)

(3) ア $4a\times6\pi a=24\pi a^2$ (cm²)

イ $3a\times8\pi a=24\pi a^2$ (cm²)

(4) ア $9\pi a^2\times2=18\pi a^2$

$18\pi a^2+24\pi a^2=42\pi a^2$ (cm²)

イ $16\pi a^2\times2=32\pi a^2$

$32\pi a^2+24\pi a^2=56\pi a^2$ (cm²)

予想問題 ❷

1 ① 2　　② 4　　③ 6　　④ 6　　⑤ 6

2 (1) $y=\dfrac{-5x+4}{3}$　　(2) $a=\dfrac{3b+12}{4}$

(3) $y=\dfrac{3}{2x}$　　(4) $x=-12y+3$

(5) $b=\dfrac{3a-9}{5}$　　(6) $y=\dfrac{c-b}{a}$

3 (1) $b=\dfrac{S}{a}$　　(2) $h=\dfrac{V}{\pi r^2}$

✎解説

2 (3) $\dfrac{1}{3}xy=\dfrac{1}{2}$　　　両辺に 6 をかける

$2xy=3$　　　両辺を $2x$ でわる

$y=\dfrac{3}{2x}$

(5) $3a-5b=9$　　　$3a$ を移項する

$-5b=-3a+9$　　　両辺を -5 でわる

$b=\dfrac{3a-9}{5}$

(6) $c=ay+b$　　　c と ay を移項する

$-ay=-c+b$　　　両辺を $-a$ でわる

$y=\dfrac{c-b}{a}$

3 (1) $S=ab$　　　両辺を入れかえる

$ab=S$　　　両辺を a でわる

$b=\dfrac{S}{a}$

(2) $V=\pi r^2 h$　　　両辺を入れかえる

$\pi r^2 h=V$　　　両辺を πr^2 でわる

$h=\dfrac{V}{\pi r^2}$

(参考) (1)は長方形の横の長さを求める式，
(2)は円柱の高さを求める式である。

章末予想問題

1 (1) 項 $2x^2$，$3xy$，9　　　2 次式

(2) 項 $-2a^2b$，$\dfrac{1}{3}ab^2$，$-4a$　　　3 次式

2 (1) $5x^2-x$　　(2) x^3y^2

(3) $-6b$　　(4) $-3xy^3$

(5) $6ab-3a^2$　　(6) $-6x^2+4y$

(7) $14a-19b$　　(8) $\dfrac{5a-2b}{12}$

3 (1) 3　　(2) -2　　(3) 8

4 m を整数として，連続する 3 つの奇数を，
$2m+1$，$2m+3$，$2m+5$ と表すと，
それらの和は，
$(2m+1)+(2m+3)+(2m+5)$
$=6m+9=3(2m+3)$
$2m+3$ は整数だから，$3(2m+3)$ は 3 の倍数である。
したがって，連続する 3 つの奇数の和は 3 の倍数になる。

5 (1) $y=\dfrac{-3x+7}{2}$　　(2) $a=\dfrac{V}{bc}$

(3) $x=\dfrac{y+3}{4}$　　(4) $b=2a-c$

(5) $h=\dfrac{3V}{\pi r^2}$　　(6) $b=\dfrac{2S}{h}-a$

✎解説

2 (3) $(-4ab^2)\div\dfrac{2}{3}ab$

$=(-4ab^2)\times\dfrac{3}{2ab}=-6b$

(8) $\dfrac{3a-2b}{4}-\dfrac{a-b}{3}$

$=\dfrac{3(3a-2b)-4(a-b)}{12}$

$=\dfrac{9a-6b-4a+4b}{12}=\dfrac{5a-2b}{12}$

3 (1) $(3x+2y)-(x-y)=3x+2y-x+y$
$=2x+3y$

この式に $x=2$，$y=-\dfrac{1}{3}$ を代入すると，

$2\times2+3\times\left(-\dfrac{1}{3}\right)=3$

(3) $18x^3y\div(-6xy)\times2y=-\dfrac{18x^3y\times2y}{6xy}$

$=-6x^2y$

この式に $x=2$，$y=-\dfrac{1}{3}$ を代入すると，

$-6\times2^2\times\left(-\dfrac{1}{3}\right)=8$

5 (6) $S=\dfrac{1}{2}(a+b)h$

$\dfrac{1}{2}(a+b)h=S$

$a+b=\dfrac{2S}{h}$

$b=\dfrac{2S}{h}-a$

1 ⑦

2 (1) $\begin{cases} x=2 \\ y=-3 \end{cases}$ (2) $\begin{cases} x=1 \\ y=3 \end{cases}$

(3) $\begin{cases} x=1 \\ y=2 \end{cases}$ (4) $\begin{cases} x=3 \\ y=2 \end{cases}$

3 (1) $\begin{cases} x=2 \\ y=8 \end{cases}$ (2) $\begin{cases} x=3 \\ y=7 \end{cases}$

(3) $\begin{cases} x=7 \\ y=3 \end{cases}$ (4) $\begin{cases} x=-5 \\ y=-4 \end{cases}$

4 (1) $\begin{cases} x=1 \\ y=-1 \end{cases}$ (2) $\begin{cases} x=-4 \\ y=2 \end{cases}$

(3) $\begin{cases} x=-2 \\ y=5 \end{cases}$ (4) $\begin{cases} x=1 \\ y=2 \end{cases}$

解説

1 x, y の値の組を，2つの式に代入して，どちらも成り立つかどうか調べる。

2 上の式を①，下の式を②とする。

(3)   ① $3x+2y=7$
   ②×3 $-)\ 3x+15y=33$
   ─────────────────
                 $-13y=-26$
                     $y=2$

$y=2$ を①に代入すると，
  $3x+4=7$ $3x=3$ $x=1$

(4)   ①×5 $20x+15y=90$
   ②×4 $+)\ -20x+28y=-4$
   ─────────────────
              $43y=86$
                  $y=2$

$y=2$ を①に代入すると，
  $4x+6=18$ $4x=12$ $x=3$

3 上の式を①，下の式を②とする。

(3) ②を①に代入すると，
  $4(3y-2)-5y=13$ $y=3$
  $y=3$ を②に代入すると，
  $x=9-2$ $x=7$

(4) ①を②に代入すると，
  $3x-2(x+1)=-7$ $x=-5$
  $x=-5$ を①に代入すると，
  $y=-5+1$ $y=-4$

4 上の式を①，下の式を②とする。

(1) かっこをはずし，整理してから解く。

②より，$4x+3y=1$ ……③
①−③×2より，$y=-1$
$y=-1$ を①に代入して，$x=1$

(2) ②の両辺を10倍して係数を整数にすると，
  $3x+7y=2$ ……③
  ①×3−③×2より，$y=2$
  $y=2$ を①に代入して，$x=-4$

(3) ②の両辺に10をかけて分母をはらうと，
  $5x-2y=-20$ ……③
  ①+③より，$x=-2$
  $x=-2$ を①に代入して，$y=5$

(4) **ポイント** $A=B=C$ の形をした方程式は，
$$\begin{cases} A=B \\ A=C \end{cases} \quad \begin{cases} A=B \\ B=C \end{cases} \quad \begin{cases} A=C \\ B=C \end{cases}$$
のどれかの組み合わせをつくって解く。
$$\begin{cases} 3x+2y=7 & \cdots\cdots① \\ 5x+y=7 & \cdots\cdots② \end{cases}$$
②より，$y=-5x+7$ ……③
③を①に代入して，$x=1$
$x=1$ を③に代入して，$y=2$

1 (1) $\begin{cases} x=-2 \\ y=2 \end{cases}$ (2) $\begin{cases} x=-5 \\ y=-6 \end{cases}$

(3) $\begin{cases} x=4 \\ y=3 \end{cases}$ (4) $\begin{cases} x=-2 \\ y=4 \end{cases}$

2 (1) $\begin{cases} x=2 \\ y=4 \end{cases}$ (2) $\begin{cases} x=3 \\ y=-4 \end{cases}$

(3) $\begin{cases} x=6 \\ y=7 \end{cases}$ (4) $\begin{cases} x=5 \\ y=-2 \end{cases}$

(5) $\begin{cases} x=2 \\ y=-5 \end{cases}$ (6) $\begin{cases} x=2 \\ y=-1 \end{cases}$

(7) $\begin{cases} x=2 \\ y=-3 \end{cases}$ (8) $\begin{cases} x=6 \\ y=-3 \end{cases}$

解説

1 上の式を①，下の式を②とする。

(1) ①を②に代入すると，
  $3(4y-10)-y=-8$ $y=2$
  $y=2$ を①に代入すると，$x=-2$

(3)   ①×3 $6x+9y=51$
   ②×2 $-)\ 6x+8y=48$
   ─────────────────
              $y=3$

$y=3$ を①に代入して，$x=4$

2 上の式を①，下の式を②とする。

(4) ①の両辺を 10 倍して係数を整数にすると，

$12x+5y=50$ ……③

②×4−③ より，$y=-2$

$y=-2$ を②に代入して，$x=5$

p.15　予想問題 ❷

1 (1) $\begin{cases} x=2 \\ y=1 \end{cases}$ 　(2) $\begin{cases} x=3 \\ y=-1 \end{cases}$

(3) $\begin{cases} x=1 \\ y=3 \end{cases}$ 　(4) $\begin{cases} x=6 \\ y=-1 \end{cases}$

2 (1) $\begin{cases} x=10 \\ y=-5 \end{cases}$ 　(2) $\begin{cases} x=2 \\ y=1 \end{cases}$

3 (1) $\begin{cases} x=1 \\ y=4 \\ z=3 \end{cases}$ 　(2) $\begin{cases} x=-4 \\ y=3 \\ z=-5 \end{cases}$

解説

1 上の式を①，下の式を②とする。

(1) ①を②に代入して，

$(-3y+7)-y=3$ 　　$y=1$

$y=1$ を①に代入して，$x=2$

(3) $-3x+6=x+2$ を解くと，$x=1$

$x=1$ を②に代入して，$y=3$

(4) $4y+22=7y+25$ を解くと，$y=-1$

$y=-1$ を①に代入して，$x=6$

2 (1) $\begin{cases} 2x+3y=5 & ……① \\ -x-3y=5 & ……② \end{cases}$

①+② より，$x=10$

$x=10$ を①に代入して，$y=-5$

3 上の式から順に，①，②，③とする。

(1) ③を①に代入して，$4x+y=8$ ……④

③を②に代入して，$6x+2y=14$ ……⑤

④×2−⑤ より，$x=1$

$x=1$ を③に代入して，$z=3$

$x=1$ を④に代入して，$y=4$

(2) ①+② より，$3x+3y=-3$ ……④

②+③ より，$3x-2y=-18$ ……⑤

④−⑤ より，$y=3$

$y=3$ を④に代入して，$x=-4$

$x=-4,\ y=3$ を①に代入して，$z=-5$

p.17　テスト対策問題

1 (1) ㋐ $100x$ 　㋑ $120y$

㋒ 1100

(2) パン 5 個，おにぎり 5 個

2 (1) ㋐ $\dfrac{x}{50}$ 　㋑ $\dfrac{y}{100}$

(2) 歩いた道のり　400 m

走った道のり　600 m

解説

1 (2) (1)の表より連立方程式をつくると，

$\begin{cases} x+y=10 & ……① \\ 100x+120y=1100 & ……② \end{cases}$

①×100−② より，$y=5$

$y=5$ を①に代入して，$x=5$

2 (2) (1)の表より連立方程式をつくると，

$\begin{cases} x+y=1000 & ……① \\ \dfrac{x}{50}+\dfrac{y}{100}=14 & ……② \end{cases}$

①−②×100 より，$x=400$

$x=400$ を①に代入して，$y=600$

p.18　予想問題 ❶

1 500 円硬貨　10 枚

100 円硬貨　12 枚

2 鉛筆 1 本　80 円

ノート 1 冊　120 円

3 (1) ㋐ $\dfrac{x}{60}$ 　㋑ $\dfrac{y}{120}$

(2) $\begin{cases} x+y=1500 \\ \dfrac{x}{60}+\dfrac{y}{120}=20 \end{cases}$

歩いた道のり　900 m

走った道のり　600 m

4 自転車に乗って走った道のり　8 km

歩いた道のり　6 km

解説

1 500 円硬貨を x 枚，100 円硬貨を y 枚とすると，

$\begin{cases} x+y=22 \\ 500x+100y=6200 \end{cases}$

2 鉛筆 1 本の値段を x 円，ノート 1 冊の値段を y 円とすると，

$\begin{cases} 3x+5y=840 \\ 6x+7y=1320 \end{cases}$

3 (2) (1)の表より，

$$\begin{cases} x+y=1500 \\ \dfrac{x}{60}+\dfrac{y}{120}=20 \end{cases}$$

4 自転車に乗って走った道のりを x km，歩いた道のりを y km とすると，

$$\begin{cases} x+y=14 \\ \dfrac{x}{16}+\dfrac{y}{4}=2 \end{cases}$$

p.19 **予想問題 ❷**

1 7 %…250 g，15 %…150 g

2 30 %…50 g，70 %…150 g

3 (1) ㋐ $\dfrac{7}{100}x$ ㋑ $\dfrac{4}{100}y$

(2) $$\begin{cases} x+y=425 \\ \dfrac{7}{100}x+\dfrac{4}{100}y=23 \end{cases}$$

昨年の男子の生徒数 200 人

昨年の女子の生徒数 225 人

4 A…600 円，B…400 円

解説

1 7 % の食塩水 x g，15 % の食塩水 y g を混ぜるとすると，

$$\begin{cases} x+y=400 \\ \dfrac{7}{100}x+\dfrac{15}{100}y=400\times\dfrac{10}{100} \end{cases}$$

2 30 % の果汁飲料 x g，70 % の果汁飲料 y g を混ぜるとすると，

$$\begin{cases} x+y=200 \\ \dfrac{30}{100}x+\dfrac{70}{100}y=200\times\dfrac{60}{100} \end{cases}$$

3 (2) (1)の表より，

$$\begin{cases} x+y=425 \\ \dfrac{7}{100}x+\dfrac{4}{100}y=23 \end{cases}$$

4 Aの定価を x 円，Bの定価を y 円とすると，

$$\begin{cases} x+y=1000 \\ \dfrac{2}{10}x+\dfrac{3}{10}y=240 \end{cases}$$

p.20～p.21 **章末予想問題**

1 ㋐

2 (1) $\begin{cases} x=-1 \\ y=-2 \end{cases}$ (2) $\begin{cases} x=4 \\ y=3 \end{cases}$

(3) $\begin{cases} x=2 \\ y=4 \end{cases}$ (4) $\begin{cases} x=7 \\ y=-5 \end{cases}$

(5) $\begin{cases} x=-2 \\ y=-4 \end{cases}$ (6) $\begin{cases} x=2 \\ y=1 \end{cases}$

3 $y=-5$，$a=-8$

4 大人 1200 円

中学生 1000 円

5 A町からB町 8 km

B町からC町 15 km

6 新聞の重さ 144 kg

雑誌の重さ 72 kg

解説

1 x，y の値の組を，2 つの式に代入して，どちらも成り立つかどうか調べる。

2 **ポイント** 係数に分数や小数をふくむ連立方程式は，係数が全部整数になるようにする。

3 連立方程式の上の式を①，下の式を②とする。

$x=-4$ を①に代入して，$y=-5$

$x=-4$，$y=-5$ を②に代入して，$a=-8$

5 A町からB町までの道のりを x km，B町からC町までの道のりを y km とすると，

$$\begin{cases} x+y=23 \\ \dfrac{x}{4}+\dfrac{y}{5}=5 \end{cases}$$

6 先月集めた新聞の重さを x kg，雑誌の重さを y kg とすると，下の表のようになる。

	新聞	雑誌	合計
先月	x	y	200
今月	$\dfrac{120}{100}x$	$\dfrac{90}{100}y$	216

連立方程式をつくると，

$$\begin{cases} x+y=200 & \cdots\cdots① \\ \dfrac{120}{100}x+\dfrac{90}{100}y=216 & \cdots\cdots② \end{cases}$$

②×100−①×90 より，$x=120$

$x=120$ を①に代入して，$y=80$

今月集めた新聞の重さは，$120\times\dfrac{120}{100}=144$(kg)

今月集めた雑誌の重さは，$80\times\dfrac{90}{100}=72$(kg)

ミス注意！ 連立方程式の解がそのまま問題の答えにならないものもあるので注意しよう。

別解 ②の式は，$\dfrac{20}{100}x-\dfrac{10}{100}y=16$ でもよい。

6

3章　1次関数

1 (1) 変化の割合…3　　　y の増加量…9
　　(2) 変化の割合…-1　　y の増加量…-3
　　(3) 変化の割合…$\frac{1}{2}$　　y の増加量…$\frac{3}{2}$
　　(4) 変化の割合…$-\frac{1}{3}$　　y の増加量…-1

2 (1) ㋐ 傾き…4　　　　切片…-2
　　　㋑ 傾き…-3　　　切片…1
　　　㋒ 傾き…$-\frac{2}{3}$　　切片…-2
　　　㋓ 傾き…4　　　　切片…3
　　(2) ㋑, ㋒
　　(3) ㋐と㋓

3 (1) $y=-2x+2$
　　(2) $y=-x+4$
　　(3) $y=2x+3$

解説

1 1次関数 $y=ax+b$ では, 変化の割合は一定で, a に等しい。また,
(y の増加量)$=a×$(x の増加量)

2 (1) 1次関数 $y=ax+b$ のグラフは, 傾きが a, 切片が b の直線である。
　　(2) 右下がり → 傾きが負 ($a<0$)
　　(3) 平行な直線 → 傾きが等しい

3 (1) $y=-2x+b$ となる。
$x=-1$, $y=4$ を代入すると,
$4=-2×(-1)+b$　　$b=2$
　　(2) 切片が 4 だから, $y=ax+4$ となる。
$x=3$, $y=1$ を代入すると,
$1=a×3+4$　　$a=-1$
　　(3) 2点 $(1, 5)$, $(3, 9)$ を通るから,
グラフの傾きは, $\frac{9-5}{3-1}=\frac{4}{2}=2$
したがって, $y=2x+b$
$x=1$, $y=5$ を代入すると,
$5=2×1+b$　　$b=3$
別解 $y=ax+b$ が 2点 $(1, 5)$, $(3, 9)$ を通るので,
$$\begin{cases} 5=a+b \\ 9=3a+b \end{cases}$$
これを解いて, $a=2$, $b=3$

---

1 (1) 4 L　　　　(2) $y=4x+2$

2 (1) 変化の割合…3　　y の増加量…12
　　(2) 変化の割合…$\frac{1}{4}$　　y の増加量…1

3 (1) 傾き…5　　　切片…-3
　　(2) 傾き…-2　　切片…0

4
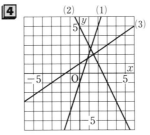

解説

2 (1) (y の増加量)$=3×(6-2)=12$
　　(2) (y の増加量)$=\frac{1}{4}×(6-2)=1$

3 (2) $y=-2x+0$ と考えると, $y=-2x$ の切片は 0 になる。

4 1次関数 $y=ax+b$ のグラフをかくには, 切片 b から, 点 $(0, b)$ をとる。
傾き a から, $(1, b+a)$ などの 2点をとって, その 2点を通る直線をひく。
ただし, a, b が分数の場合には, x 座標, y 座標が整数となる 2点を見つけて, その 2点を通る直線をひくとよい。

---

1 (1) ㋐, ㋒, ㋓, ㋖　(2) ㋑
　　(3) ㋐と㋒　　　　　(4) ㋐と㋖

2 (1) $y=-\frac{1}{3}x-3$　(2) $y=-\frac{5}{4}x+1$
　　(3) $y=\frac{3}{2}x-2$

3 (1) $y=2x+1$　　(2) $y=3x-1$
　　(3) $y=\frac{2}{3}x+1$

解説

1 (1) 右上がりの直線 → 傾きが正
　　(2) $(-3, 2)$ を通る
　　　→ $x=-3$, $y=2$ を代入して成り立つ
　　(3) 平行な直線 → 傾きが等しい
　　(4) y 軸上で交わる → 切片が等しい

2 どのグラフも切片はます目の交点上にあるので，ます目の交点にある点をもう１つ見つけ，傾きを考えていく。

3 (1) $y=2x+b$ という式になる。

$x=1$，$y=3$ を代入すると，

$3=2×1+b$　　$b=1$

(2) 切片が -1 だから，$y=ax-1$ という式になる。$x=1$，$y=2$ を代入すると，

$2=a×1-1$　　$a=3$

(3) ２点 $(-3, -1)$，$(6, 5)$ を通るから，グラフの傾きは，$\dfrac{5-(-1)}{6-(-3)}=\dfrac{6}{9}=\dfrac{2}{3}$

したがって，$y=\dfrac{2}{3}x+b$

$x=-3$，$y=-1$ を代入すると，

$-1=\dfrac{2}{3}×(-3)+b$　　$b=1$

別解 $y=ax+b$ が２点 $(-3, -1)$，$(6, 5)$ を通るので，

$\begin{cases} -1=-3a+b \\ 5=6a+b \end{cases}$

これを解いて，$a=\dfrac{2}{3}$，$b=1$

---

p.27 テスト対策問題

1

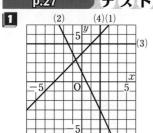

2 グラフは右の図

解は，

$\begin{cases} x=2 \\ y=4 \end{cases}$

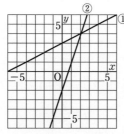

3 (1) ① $y=-x-2$　　② $y=2x-3$

(2) $\left(\dfrac{1}{3}, -\dfrac{7}{3}\right)$

解説

1 $ax+by=c$ を y について解き，

$y=-\dfrac{a}{b}x+\dfrac{c}{b}$

という形にしてから，グラフをかくとよい。グラフは必ず直線になる。

また，$y=m$ のグラフは，点 $(0, m)$ を通り，x 軸に平行な直線となる。

また，$x=n$ のグラフは，点 $(n, 0)$ を通り，y 軸に平行な直線となる。

2 $\begin{cases} x-2y=-6 → y=\dfrac{1}{2}x+3 \\ 3x-y=2 → y=3x-2 \end{cases}$

２つのグラフの交点の座標を読み取る。

3 グラフの交点の座標を読み取ることはできないので，①と②の式を連立方程式とみて，それを解くことによって交点の座標を求める。

---

p.28 予想問題 ❶

1

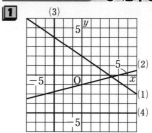

2 (1) ⑦　　　(2) ⑦　　　(3) ⑦

3 グラフは右の図

解は

$\begin{cases} x=-3 \\ y=-4 \end{cases}$

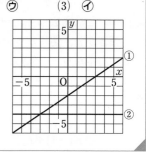

解説

2 上の式を①，下の式を②とする。

(1) ①より，$y=-3x+7$

②より，$y=-3x-1$

傾きが等しく，切片が異なるので，グラフは平行となり，交点がない。

(2) ①+②×3 より，$x=3$

$x=3$ を②に代入して，$y=1$

２つのグラフの交点は，$(3, 1)$

(3) ①より，$y=2x-1$

②より，$y=2x-1$

２つのグラフは，重なって一致するので，解は無数にある。

1
(1) $y=2x$

(2) $y=10$

(3) $y=-2x+28 \ (9 \leqq x \leqq 14)$

(4)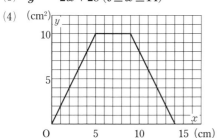

2
(1) 分速 400 m

(2) 分速 100 m

(3)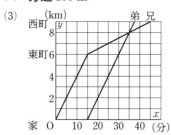

追い着く時刻　午前 9 時 35 分

解説

1
(1) $y=4 \times x \div 2$ 　　←AB×BP÷2

　　$y=2x$

(2) $y=4 \times 5 \div 2$ 　　←AB×AD÷2

　　$y=10$

(3) $y=4 \times (14-x) \div 2$ 　←AB×AP÷2

　　$y=-2x+28$

(4) x の変域に注意してグラフをかく。

　　$0 \leqq x \leqq 5$ のとき　　　$y=2x$

　　$5 \leqq x \leqq 9$ のとき　　　$y=10$

　　$9 \leqq x \leqq 14$ のとき　　$y=-2x+28$

2
(1) グラフから，10 分間に 4 km (4000 m)
　　進んでいるから，1 分間に進む道のりは，
　　　$4000 \div 10 = 400$ (m)

(2) グラフから，10 分間に 1 km (1000 m) 進
　　んでいるから，1 分間に進む道のりは，
　　　$1000 \div 10 = 100$ (m)

(3) 分速 400 m だから，10 分間に 4000 m すな
　　わち 4 km 進む。
　　このようすを表すグラフを図にかき入れ，グ
　　ラフの交点を読み取って，弟が兄に追い着く
　　時刻を求めればよい。

1
(1) 傾き…-2　　　切片…2

(2) -6

2
(1) $y=-\dfrac{1}{2}x-1$　(2) $y=-3x+4$

(3) $y=\dfrac{4}{3}x-4$

3
(1) $(1,\ 3)$　　　(2) $(10,\ -6)$

4
(1) $y=6x+22$　(2) 12 分後

5
(1) $y=-12x+72$　(2) 6 km

解説

2
(1) x の値が 2 だけ増加すると，y の値は 1
　　だけ減少するので，変化の割合は，

　　　$\dfrac{-1}{2}=-\dfrac{1}{2}$

　　したがって，$y=-\dfrac{1}{2}x+b$

　　$x=4$，$y=-3$ を代入すると，

　　　$-3=-\dfrac{1}{2} \times 4 + b$ 　　　$b=-1$

3
(1) 直線 ℓ は，切片が 2 で，点 $(-2,\ 0)$
　　を通るから，$y=x+2$
　　これに $x=1$ を代入して，A は $(1,\ 3)$

(2) 直線 m は，2 点 $(1,\ 3)$，$(4,\ 0)$
　　を通るから，$y=-x+4$　　……①
　　直線 n は，2 点 $(-2,\ 0)$，$(0,\ -1)$
　　を通るから，$y=-\dfrac{1}{2}x-1$　　……②

　　①，②を連立方程式として解くと，B は
　　$(10,\ -6)$

4
(1) 2 点 $(0,\ 22)$，$(4,\ 46)$ を通る直線の式を
　　求める。

　　切片は 22，傾きは，$\dfrac{46-22}{4-0}=\dfrac{24}{4}=6$

　　したがって，$y=6x+22$

(2) (1)の式に $y=94$ を代入すると，
　　$94=6x+22$ 　　　$x=12$

5
(1) 変化の割合は -12 で，$x=6$ のとき
　　$y=0$ だから，$y=-12x+72$　……①

(2) 妹のようすは，
　　右の直線 AB で，
　　$y=4x-16$　……②
　　①，②を連立方程
　　式として解く。
　　（グラフから読み取ってもよい。）

4章　平行と合同

p.33 **テスト対策問題**

1 (1) ∠d　　(2) ∠c　　(3) ∠e

(4) ∠a＝115°　∠b＝65°　∠c＝65°

∠d＝115°　∠e＝65°　∠f＝115°

2 (1) 3本　　(2) 4個　　(3) 720°

3 (1) 900°　(2) 140°　(3) 360°　(4) 24°

解説

1 (4) 対頂角は等しいか
ら，∠a＝115°
∠b＝180°−115°＝65°
ℓ∥m より，
∠c＝∠b＝65°
∠d＝∠a＝115°
対頂角は等しいから，
∠e＝∠c＝65°，∠f＝∠d＝115°

3 (1) 七角形の内角の和は，180°×(7−2)＝900°

(2) 正九角形の内角の和は，
180°×(9−2)＝1260°
正九角形の内角は，すべて等しいので，
1260°÷9＝140°

(3) n角形の外角の和は 360°

(4) 正十五角形の外角はすべて等しいので，
360°÷15＝24°

p.34 **予想問題 ❶**

1 (1) ∠c

(2) ∠a＝40°　　　∠b＝80°

∠c＝40°　　　∠d＝60°

2 (1) ∠a の同位角…∠c

∠a の錯角…∠e

(2) ∠b＝60°　　　∠c＝120°

∠d＝60°　　　∠e＝120°

3 (1) a∥d，b∥c

(2) ∠x と ∠v，∠y と ∠z

4 (1) 35°　　(2) 105°　　(3) 70°

解説

1 (2) ∠a＝180°−(80°+60°)＝40°
対頂角は等しいから，
∠b＝80°　∠c＝40°　∠d＝60°

2 (2) ℓ∥m より，同位角，錯角が等しいから，
∠c＝∠a＝120°　∠e＝∠a＝120°

∠b＝∠d＝180°−120°＝60°

3 平行線の同位角や錯角の性質を使う。

4 (1) 55° の同位角を三角形の外角とみると，
∠x＝55°−20°＝35°

(2) ∠x を三角形の外角と
みると，
∠x＝55°+50°
＝105°

(3) 右の図のように，∠x
の頂点を通り，ℓ，m に
平行な直線をひくと，
∠x＝40°+30°＝70°

p.35 **予想問題 ❷**

1 (1) 180°　　(2) 1080°　　(3) 360°

2 (1) 1080°　　(2) 十角形　　(3) 正八角形

3 (1) 110°　　(2) 95°　　(3) 70°

解説

1 (3) 1080°−180°×(6−2)＝360°

2 (2) 求める多角形をn角形とすると，
180°×(n−2)＝1440°　　n＝10

(3) 1つの外角が 45° である正多角形は，
360°÷45°＝8 より，正八角形。

3 (1) 四角形の外角の和は 360° だから，
∠x＝360°−(115°+70°+65°)＝110°

(2) 四角形の内角の和は 360° だから，
∠x＝360°−(70°+86°+109°)＝95°

(3) 五角形の内角の和は 540° だから，
540°−(110°+100°+130°+90°)＝110°
∠x＝180°−110°＝70°

p.37 **テスト対策問題**

1 (1) 四角形 ABCD≡四角形 GHEF

(2) CD＝4 cm　　　EH＝5 cm

(3) ∠C＝70°　　　∠G＝120°

(4) 対角線 AC に対応する対角線…対角線 GE
対角線 FH に対応する対角線…対角線 DB

2 AC＝DF　3組の辺がそれぞれ等しい。

または　∠B＝∠E　2組の辺とその間の
角がそれぞれ等しい。

3 (1) 仮定…△ABC≡△DEF

結論…∠B＝∠E

(2) 仮定…x が 4 の倍数

結論…xは偶数

(3) 仮定…ある三角形が正三角形

結論…3つの辺の長さは等しい

解説

1 (2) 対応する線分の長さは等しいから，

CD＝EF＝4 cm，EH＝CB＝5 cm

(3) ∠G＝∠A＝360°－(70°＋90°＋80°)＝120°

3 (3) 「ならば」を使った文に書きかえてみる。

---

p.38 **予想問題 ❶**

1 △ABC≡△STU

1組の辺とその両端の角がそれぞれ等しい。

△GHI≡△ONM

2組の辺とその間の角がそれぞれ等しい。

△JKL≡△RPQ

3組の辺がそれぞれ等しい。

2 (1) △AMD≡△BMC

1組の辺とその両端の角がそれぞれ等しい。

(2) △ABD≡△CDB

2組の辺とその間の角がそれぞれ等しい。

(3) △AED≡△FEC

1組の辺とその両端の角がそれぞれ等しい。

3 (1) 仮定…△ABC≡△DEF

結論…AB＝DE

(2) 仮定…$x=4$，$y=2$

結論…$x-y=2$

解説

1 2 三角形の合同条件は，正しく理解しよう。

---

p.39 **予想問題 ❷**

1 (1) 仮定…AB＝CD，AB∥CD

結論…AD＝CB

(2) ① CD ② DB ③ ∠CDB

④ △CDB ⑤ CB

(3) (ア) 平行線の錯角は等しい。

(イ) 2組の辺とその間の角がそれぞれ等

しい2つの三角形は合同である。

(ウ) 合同な三角形の対応する辺は等しい。

2 △ABE と △ACD で，

仮定から，AB＝AC ……①

AE＝AD ……②

共通な角だから，

∠BAE＝∠CAD ……③

①，②，③から，2組の辺とその間の角が

それぞれ等しいので，

△ABE≡△ACD

合同な三角形の対応する角だから，

∠ABE＝∠ACD

解説

1 (参考) 証明の根拠としては，対頂角の性質や

三角形の角の性質などを使うこともある。

---

p.40～p.41 **章末予想問題**

1 (1) ∠a，∠m (2) ∠d，∠p

(3) 180° (4) ∠e，∠m，∠o

2 (1) 39° (2) 70° (3) 105°

(4) 60° (5) 60° (6) 30°

3 (1) 40° (2) 十二角形

4 (1) △ADE (2) AE (3) DE

(ア) 1組の辺とその両端の角がそれぞれ等

しい

(イ) 合同な三角形の対応する辺は等しい

5 △ABC と △DCB で，

仮定から，AC＝DB ……①

∠ACB＝∠DBC ……②

共通な辺だから，

BC＝CB ……③

①，②，③から，2組の辺とその間の角が

それぞれ等しいので，

△ABC≡△DCB

合同な三角形の対応する辺だから，

AB＝DC

解説

1 (4) ∠c＝∠i より，平行な直線を考える。

2 (5) 右の図のように，∠x，

45°の角の頂点を通り，$ℓ$，

mに平行な2つの直線を

ひくと，

∠x＝(45°－20°)＋35°＝60°

(6) 右の図のように，三角形

を2つつくると，

∠x＋55°＝110°－25°

∠x＋55°＝85°

∠x＝30°

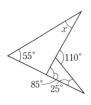

3 (1) 360°÷9＝40°

(2) 180°×(n－2)＝1800° として解く。

p.43　テスト対策問題

1 (1) 50°　　(2) 55°　　(3) 20°

2 ㋐ ACE　　㋑ AC　　㋒ CE
　　㋓ ACE　　㋔ 2組の辺とその間の角
　　㋕ ACE

3 △ABC≡△KJL
斜辺と他の1辺がそれぞれ等しい。
△GHI≡△OMN
斜辺と1鋭角がそれぞれ等しい。

解説

1 (1) 二等辺三角形の底角は等しいので，
　　$\angle x = 180° - 65° \times 2 = 50°$

(2) 三角形の外角は，それととなり合わない2
つの内角の和に等しいので，
　　$110° = \angle x + \angle x$　　$\angle x = 55°$

(3) 二等辺三角形の頂角の二等分線は，底辺を
垂直に二等分するので，$\angle ADB = 90°$
したがって，$\angle x = 180° - (90° + 70°) = 20°$

p.44　予想問題 ❶

1 (1) 70°　　　　(2) 90°

2 (1) $\angle x = 90°$，$\angle y = 100°$　(2) 3 cm

3 (1) 二等辺三角形　　(2) 124°

4 AD∥BC より錯角が等しいから，
　　$\angle FDB = \angle CBD$　……①
また，折り返した角であるから，
　　$\angle FBD = \angle CBD$　……②
①，②より，$\angle FDB = \angle FBD$
したがって，2つの角が等しいから，△FBD
は二等辺三角形になる。

解説

1 (1) 二等辺三角形 DBC の底角は等しいから，
∠D の外角について，$\angle ADB = 35° \times 2 = 70°$

(2) 二等辺三角形 DAB の底角は等しいから，
　　$\angle DBA = (180° - 70°) \div 2 = 55°$
よって，$\angle ABC = \angle DBA + \angle DBC$
　　　　　　　　$= 55° + 35° = 90°$

2 線分 BD は，頂角Bの二等分線になっている。

3 (1) 二等辺三角形 ABC で，
　　$\angle ABC = \angle ACB$
△PBC で，仮定から，

$\angle PBC = \dfrac{1}{2} \angle ABC$

$\angle PCB = \dfrac{1}{2} \angle ACB$

よって，$\angle PBC = \angle PCB$
2つの角が等しいので，△PBC は二等辺三
角形である。

p.45　予想問題 ❷

1 (1) $a + b = 7$ ならば $a = 4$，$b = 3$ である。
正しくない。

(2) 2直線に1つの直線が交わるとき，同
位角が等しければ，2直線は平行である。
正しい。

(3) 2つの角が等しい三角形は，二等辺三
角形である。正しい。

2 (1) △ABD と △ACE

(2) △BCE と △CBD
斜辺と1鋭角がそれぞれ等しい。

3 △POC と △POD で，
仮定から，$\angle PCO = \angle PDO = 90°$　……①
　　　　　$\angle POC = \angle POD$　……②
共通な辺だから，
　　　　　PO = PO　……③
①，②，③から，斜辺と1鋭角がそれぞれ
等しい直角三角形なので，
　　　　　△POC≡△POD
対応する辺だから，
　　　　　PC = PD

解説

1 (1) $a = 1$，$b = 6$ のときも，$a + b = 7$ になる
から，正しくない。

p.47　テスト対策問題

1 (1) $x = 40$，$y = 140$
平行四辺形の対角は等しい。

(2) $x = 8$　平行四辺形の対辺は等しい。
　　$y = 3$　平行四辺形の2つの対角線は
　　　　　それぞれの中点で交わる。

2 ㋐ 中点　　㋑ OC　　㋒ OD
　　㋓ OF　　㋔ 対角線　　㋕ 中点

3 (1) △DEC，△ABE　　(2) 80 cm²

解説

1 (1) 平行四辺形の対角は等しいから，

$x° = 40°$

$y° = (360° - 40° × 2) ÷ 2 = 140°$

または，$y° + 40° = 180°$

$y° = 140°$

2 平行四辺形になるための条件は，5つある。とても重要なので，しっかり確認しておこう。

3 (1) 底辺が共通な三角形だけでなく，底辺が等しい三角形も忘れないようにする。

p.48 **予想問題 ❶**

1 (1) 64° (2) 8 cm

2 ㋐ △CDF ㋑ 90° ㋒ CD

㋓ ∠CDF ㋔ 斜辺と1鋭角

㋕ CF ㋖ CF

㋗ 1組の対辺が平行で等しい

解説

1 (1) 仮定より，AC∥DE，AB∥FE であるから，四角形 ADEF は平行四辺形になる。

∠DAF = ∠DEF = 52°

二等辺三角形の底角は等しいから，

∠C = (180° - 52°) ÷ 2

= 64°

(2) ∠DEB = ∠ACB = ∠ABC より，△DBE は二等辺三角形だから，

DB = DE = 3 cm

また，四角形 ADEF は平行四辺形だから，

DA = EF = 5 cm

したがって，

AB = DB + DA = 3 + 5 = 8 (cm)

p.49 **予想問題 ❷**

1 ① ㋓，㋕ ② ㋑，㋒

③ ㋑，㋒ ④ ㋓，㋕

2 (1) △ABE…△AEC，△DEC

△ABC…△ACD，△AED

(2) △DFC

3

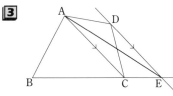

① △ACD ② △ACE ③ △ACE

解説

1 ひし形，長方形，正方形は，平行四辺形の性質をすべてもっている。さらに，それらの性質以外に，それぞれ特有な性質をもっている。対角線の性質についても，しっかり理解しておこう。

p.50〜p.51 **章末予想問題**

1 (1) ∠x = 80° ∠y = 25°

(2) ∠x = 40° ∠y = 100°

(3) ∠x = 30° ∠y = 105°

2 △EBC と △DCB で，

仮定から，BE = CD ……①

△ABC の底角は等しいから，

∠EBC = ∠DCB ……②

共通な辺だから，BC = CB ……③

①，②，③から，2組の辺とその間の角がそれぞれ等しいので，△EBC ≡ △DCB

対応する角だから，∠FCB = ∠FBC

したがって，2つの角が等しいから，△FBC は二等辺三角形である。

3 (1) △ABD ≡ △EBD

直角三角形の斜辺と1鋭角がそれぞれ等しい。

(2) 線分 DA，線分 CE

4 四角形 ABCD は平行四辺形だから，

AD∥BC ……①

∠BAD = ∠DCB ……②

①から，∠PAQ = ∠APB ……③

また，②と AP，CQ がそれぞれ ∠BAD，∠BCD の二等分線であることから，

∠PAQ = ∠PCQ ……④

③，④から，∠APB = ∠PCQ ……⑤

⑤から，同位角が等しいから，

AP∥QC ……⑥

①，⑥から，2組の対辺がそれぞれ平行だから，四角形 APCQ は平行四辺形である。

5 ひし形

6 △AEC，△AFC，△DFC

解説

3 (2) △DEC も直角二等辺三角形になるので，DE = CE となる。

5 △APS，△BPQ，△CRQ，△DRS はどれも合同だから，PS = PQ = RQ = RS となる。

6章　データの比較と箱ひげ図

p.53 **テスト対策問題**

1 (1) 4時間　　(2) 3時間
　　(3) 5時間　　(4) 2時間

2 (1) 第1四分位数…2時間
　　　第2四分位数…3時間
　　　第3四分位数…4時間
　　(2) 第1四分位数…3時間
　　　第2四分位数…4時間
　　　第3四分位数…5時間
　　(3)

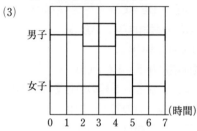

　　(4) (例)ちらばり具合は変わらないが，女子のほうが男子よりも読書時間が長い傾向がみえる。

解説

1 **ポイント**　第2四分位数→第1四分位数→第3四分位数の順に求める。
(1) 中央値を求めればよい。
(2) 第1四分位数…小さいほうから7番目までのデータの中央値を求める。
(3) 第3四分位数…9番目から15番目までのデータの中央値を求める。
(4) (四分位範囲)＝(第3四分位数)−(第1四分位数)

2 (4) 箱の形は同じだが女子のほうが右によっていることがわかる。

p.54 **予想問題 ❶**

1 (1) 125人
(2) 第1四分位数…75人
　　第3四分位数…150人
(3) 箱の長さ
(4) あった

2 (1) ②　　　　(2) 5点

解説

1 箱ひげ図の読み取りの問題。箱と四分位数の関係をきちんと理解しておこう。
(1) 箱の中の縦線の値を読む。
(2) 箱の両端の縦線の値を読む。
(4) 中央値が125人であることより，125人以上の日が少なくとも11日あったことがわかる。つまり120人以上の日も少なくとも11日あったことになる。

2 (1) 最小値…1点
第1四分位数…3点
第2四分位数…5点
第3四分位数…7点
最大値…10点
これらをすべて満たすのは②
(2) 中央値が変わっていないことに着目する。
(5点以外の点数の場合，中央値が変わる。)

p.55 **章末予想問題**

1 (1) 第1四分位数…2点
　　第2四分位数…2.5点
　　第3四分位数…4点
(2)

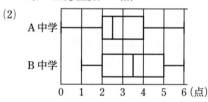

(3) (例)・A中学のほうが得点の散らばりが大きい。
　　　・中央値はB中学のほうが大きいのと箱も右によっているので，得点力はB中学のほうがあるといえる。

2 ③

解説

1 (3) (2)で箱ひげ図が正確にかかれている必要がある。箱の大きさやその位置から情報を読み取る。

2 ① 中央値は9時間だが，平均が9時間とは限らない。
② 6時間以上10時間未満の人数より10時間以上15時間未満の人数が多いとは限らない。
③ 中央値が9時間なので9時間以上の人が少なくとも10人はいる。

7章　確率

1 (1)　6通り　　(2)　いえる

(3)　3通り　　(4)　$\dfrac{1}{2}$

(5)　$\dfrac{1}{3}$　　(6)　$\dfrac{2}{3}$

2 (1)　$\dfrac{5}{9}$　　(2)　1

(3)　0

解説

1 (1)　1から6までの6通りある。

(3)　2，4，6の3通り。

(4)　$\dfrac{3}{6}=\dfrac{1}{2}$

(5)　1，2の2通り。よって，$\dfrac{2}{6}=\dfrac{1}{3}$

(6)　6の約数の目が出る場合は，

1，2，3，6の4通り。よって，$\dfrac{4}{6}=\dfrac{2}{3}$

2 (1)　5，6，7，8，9の5通り。よって，$\dfrac{5}{9}$

(2)　必ず起こることがらであるから，確率は，1である。

(3)　10以上の数のカードはないので，確率は0である。

1 ㋑

2 (1)　$\dfrac{1}{2}$　　(2)　$\dfrac{2}{3}$

3 (1)　$\dfrac{2}{3}$　　(2)　$\dfrac{2}{3}$

(3)　どちらも同じ　　(4)　A

(5)　B　　(6)　A

解説

3 いずれの場合も，$\dfrac{赤玉の数}{すべての玉の数}$ を考えればよい。

(3)　(1)(2)の結果より，どちらの袋からも同じ確率で赤玉が出ることがわかる。

(4)　分母と分子が1ずつ増えた場合になる。

(5)　分母だけが1増えた場合になる。

(6)　分母だけが1減った場合になる。

1 ④

2 (1)　20通り

いえる

(2)　$\dfrac{1}{2}$　　(3)　$\dfrac{1}{4}$

(4)　$\dfrac{3}{10}$

3 (1)　$\dfrac{1}{4}$　　(2)　$\dfrac{1}{13}$

(3)　$\dfrac{3}{13}$　　(4)　0

解説

3 (1)　◆のカードは13枚あるから，求める確率は，$\dfrac{13}{52}=\dfrac{1}{4}$

(2)　エース（A）のカードは4枚ある。

(4)　18のカードはないから，確率は0である。

1 (1)　6通り

(2)　$\dfrac{1}{3}$

2 (1)

A\B	1	2	3	4	5	6
1	2	3	4	5	6	7
2	3	4	5	6	7	8
3	4	5	6	7	8	9
4	5	6	7	8	9	10
5	6	7	8	9	10	11
6	7	8	9	10	11	12

(2)　$\dfrac{5}{36}$　　(3)　$\dfrac{1}{4}$

3 (1)　出る確率…$\dfrac{1}{2}$　　出ない確率…$\dfrac{1}{2}$

(2)　出る確率…$\dfrac{2}{3}$　　出ない確率…$\dfrac{1}{3}$

解説

1 (2)　3の倍数となる場合は，①-②，②-①の2通り。

3 (1)　$\left(\begin{array}{c}偶数の目が\\出ない確率\end{array}\right)=1-\left(\begin{array}{c}偶数の目が\\出る確率\end{array}\right)$

$=1-\dfrac{1}{2}=\dfrac{1}{2}$

1 (1)　6通り
樹形図は右の図

   (2)　$\dfrac{1}{3}$

2 (1)

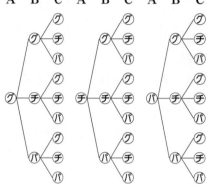

   (2)　$\dfrac{1}{9}$　　　　(3)　$\dfrac{1}{3}$

3 (1)

A＼B	1	2	3	4	5	6
1	1	2	3	4	5	6
2	2	4	6	8	10	12
3	3	6	9	12	15	18
4	4	8	12	16	20	24
5	5	10	15	20	25	30
6	6	12	18	24	30	36

(2)　① $\dfrac{1}{9}$

   ② $\dfrac{1}{6}$

   ③ $\dfrac{1}{9}$

解説

2 (2)　A1人が勝つのは，樹形図より，
グ―チ―チ，チ―パ―パ，パ―グ―グ の3通り。
(3)　あいこになるのは9通りある。

3 (2)　③　[3, 3]，[3, 6]，[6, 3]，[6, 6] の4通り。

1 (1)　$\dfrac{1}{6}$　　　　(2)　$\dfrac{5}{6}$

   (3)　$\dfrac{1}{2}$　　　　(4)　$\dfrac{1}{2}$

   (5)　$\dfrac{1}{2}$　　　　(6)　$\dfrac{1}{2}$

2 (1)　$\dfrac{1}{10}$　　　　(2)　$\dfrac{1}{20}$

3 (1)　20通り
樹形図は
右の図

   (2)　① $\dfrac{2}{5}$

   ② $\dfrac{2}{5}$

   (3)　同じ

解説

3 (3)　(2)の結果から，くじを先に引くのとあと
に引くのとで，当たる確率は変わらない。

1 いえない

2 (1)　20通り　(2)　$\dfrac{2}{5}$　　(3)　$\dfrac{1}{5}$

3 (1)　$\dfrac{1}{6}$　　(2)　$\dfrac{1}{6}$　　(3)　$\dfrac{2}{3}$

解説

2 (1)　1枚目のカードの取り出し方は5通り，
それぞれの場合について，2枚目のカードの
取り出し方は4通りあるので，
全部で20通りになる。
(2)　偶数になる場合は2枚目のカードが4か6
の場合になる。それぞれの場合で考えると
　　2枚目が4の場合…1枚目は3, 5, 6, 7
　　2枚目が6の場合…1枚目は3, 4, 5, 7
全部で8通りになる。
(3)　5の倍数になるのは，一の位が5になる場
合だから，1枚目のカードはそれ以外の数の
3, 4, 6, 7の4通りになる。

3 6本のうち1を当たりくじ，2～6をはずれ
くじとする。Aが1を引き，Bが2を引くこと
を，[1, 2]と表す。表を作って数えあげるとよ
い。A，B2人の引き方は，全部で30通りであ
る。
(1)　[1, 2]，…，[1, 6]の5通り。
(2)　[2, 1]，…，[6, 1]の5通り。
(3)　1をふくまない場合は全部で20通りある。

6 5 4 3 2 1
D C B A

テストに出る！

5分間攻略ブック

大日本図書版

数学 2年

重要事項をサクッと確認

よく出る問題の
解き方をおさえる

赤シートを
活用しよう！

テスト前に最後のチェック！
休み時間にも使えるよ♪

「5分間攻略ブック」は取りはずして使用できます。

次の言葉を答えよう。

□ 項が1つだけの式。　　　　**単項式**

□ 項が2つ以上ある式。　　　　**多項式**

□ 単項式で，かけ合わされている文字
の個数。　　　　**単項式の次数**

□ 多項式の項のなかで，同じ文字が同
じ個数だけかけ合わされている項ど
うし。　　　　**同類項**

次の問いに答えよう。

□ 単項式 $5x^2y$ の次数は？

❋ $5x^2y = 5 \times x \times x \times y$　　　　3

□ 多項式 $2x^2 - 4xy + 5$ の項は？

$2x^2, \ -4xy, \ 5$

□ 多項式 $2x^2 - 4xy + 5$ は何次式？

❋ 次数が2の式を2次式という。　　**2次式**

多項式の次数は，各項
のうちで，次数が最も
高い項の次数だよ。

次の計算をしよう。

□ $(5x - 4y) + (2x - y)$

$= 5x - 4y \boxed{+2x - y}$ ❋ 同類項を
まとめる。

$= \boxed{7x - 5y}$

□ $(5x - 4y) - (2x - y)$

$= 5x - 4y \boxed{-2x + y}$

$= \boxed{3x - 3y}$

□ $7x \times (-3y)$ ❋ $7 \times (-3) \times x \times y$

$= \boxed{-21xy}$

□ $16xy \div (-4x)$ ❋ $-\frac{16xy}{4x}$

$= \boxed{-4y}$

□ $-4xy \div (-12x) \times (-9y)$

$= -\dfrac{4xy \times \boxed{9y}}{\boxed{12x}}$

$= \boxed{-3y^2}$

□ $8(4x - 3y)$ ❋ $8 \times 4x + 8 \times (-3y)$

$= \boxed{32x - 24y}$

□ $(48x - 36y) \div 6$ ❋ $\frac{48x - 36y}{6} = \frac{48x}{6} - \frac{36y}{6}$

$= \boxed{8x - 6y}$ ❋ $(48x - 36y) \times \frac{1}{6}$ と
考えることもできる。

◎ 攻略のポイント

多項式の計算

加法 ➡ 式の各項を加える。

減法 ➡ ひく式の各項の符号を変えて
加える。

乗法 ➡ 係数の積と文字の積をかける。

除法 ➡ 式を分数の形で表すか，乗法に
なおして計算する。

1章　式と計算

$x=4$，$y=3$のとき，次の式の値を求めよう。

□ $3(2x-y)-2(4x-3y)$

$=6x-3y\ \boxed{-8x+6y}$

$=-2x+3y=\boxed{1}$

✱ $(-2)\times 4+3\times 3$

□ $-72xy^2\div 9xy=-\dfrac{72xy^2}{\boxed{9xy}}$

$=-8y=\boxed{-24}$

✱ -8×3

次の式や言葉を答えよう。

□ 最も小さい整数を n としたとき，連続する3つの整数

$\underline{n,\ n+1,\ n+2}$

□ n を整数としたときの $2n$

$\underline{\text{偶数（2の倍数）}}$

□ n を整数としたときの $2n+1$

$\underline{\text{奇数}}$

□ 十の位の数を x，一の位の数を y としたときの2桁(けた)の自然数

$\underline{10x+y}$

次の式を，[ ]内の文字について解こう。

□ $x+4y=3$　$[x]$

$x=\boxed{3-4y}$　✱ $-4y+3$ でもよい。

□ $x+4y=3$　$[y]$

$4y=\boxed{3-x}$

$y=\boxed{\dfrac{3-x}{4}}$　✱ $\dfrac{3}{4}-\dfrac{1}{4}x$ または

$-\dfrac{1}{4}x+\dfrac{3}{4}$ でもよい。

□ $3xy=9$　$[x]$

$x=\dfrac{9}{\boxed{3y}}$

$x=\boxed{\dfrac{3}{y}}$

□ $\dfrac{1}{3}xy=9$　$[x]$　✱ $xy=27$

$x=\boxed{\dfrac{27}{y}}$

□ $2(a+b)=\ell$　$[a]$

$2a+\boxed{2b}=\ell$

$2a=\ell-\boxed{2b}$

$a=\boxed{\dfrac{\ell-2b}{2}}$　✱ $\dfrac{\ell}{2}-b$ でもよい。

等式の性質を使って変形するんだね。

- -

◎ 攻略のポイント

等式の変形

x，y についての等式を変形し，y の値を求める式を導くことを，y について解くという。

例 $9x-y=15$　$〔y〕$

$-y=-9x+15$

$y=9x-15$

$9x$ を移項する。

両辺を -1 でわる。

2章 連立方程式

次の言葉を答えよう。

□ 2つ以上の方程式を組にしたもの。

連立方程式

□ x，y についての連立方程式から，y をふくまない方程式を導くこと。

y を消去する

□ 連立方程式で，左辺と左辺，右辺と右辺をそれぞれ加えたりひいたりして，1つの文字を消去して解く方法。

加減法

□ 連立方程式で，代入によって1つの文字を消去して解く方法。　**代入法**

次の問いに答えよう。

□ ⑦，⑦のうち，$\begin{cases} x=3 \\ y=-1 \end{cases}$ が解となるのは？

⑦ $\begin{cases} 2x+3y=3 \\ x-4y=-1 \end{cases}$　⑦ $\begin{cases} 5x+9y=6 \\ x-2y=5 \end{cases}$

✻ どちらの方程式も成り立たせるのが解。　　**⑦**

次の連立方程式を解こう。

□ $\begin{cases} 2x+3y=1 & \cdots① \\ -x-3y=1 & \cdots② \end{cases}$

$$2x+3y=1$$
$$+)-x-3y=1$$
$$x \quad\quad = \boxed{2} \quad ✻ y を消去。$$

これを①に代入すると，

$\boxed{4}+3y=1$ ✻ $3y=-3$

$$y=\boxed{-1}$$

答 $\begin{cases} x=2 \\ y=-1 \end{cases}$

□ $\begin{cases} 2x+3y=4 & \cdots\cdots① \\ x=4y-9 & \cdots\cdots② \end{cases}$

②を①に代入すると，

$2(\boxed{4y-9})+3y=4$ ✻ x を消去。

$$\boxed{8y-18}+3y=4$$
$$11y=\boxed{22}$$
$$y=\boxed{2}$$

これを②に代入すると，

$$x=\boxed{-1}$$

答 $\begin{cases} x=-1 \\ y=2 \end{cases}$

◎ 攻略のポイント

連立方程式の解き方

加減法または代入法を使って，1つの文字を消去して解く。加減法を使って解くときに，2つの式をそのまま加えたりひいたりしても文字を消去できない場合は，それぞれの式を何倍かして，x または y の係数の絶対値を等しくしてから解く。

2章　連立方程式

次の連立方程式の解き方を答えよう。

□ かっこがある連立方程式。

　　かっこをはずして整理する。

□ 小数がある連立方程式。

　　両辺に 10 や 100 などをかける。

□ 分数がある連立方程式。

　　両辺に分母の最小公倍数をかける。

□ $A=B=C$ の形の方程式。
$$\begin{cases} A=B \\ A=C \end{cases} \begin{cases} A=B \\ B=C \end{cases} \begin{cases} A=C \\ B=C \end{cases} \text{の形にする。}$$

次の問いに答えよう。

□ $\begin{cases} x+2y=-7 & \cdots\cdots① \\ 0.1x+0.09y=0.18 & \cdots\cdots② \end{cases}$ で，

②の係数を整数にした式は？

❉両辺に 100 をかける。　　$10x+9y=18$

□ $\begin{cases} \dfrac{1}{3}x-\dfrac{2}{7}y=-1 & \cdots\cdots① \\ 5x-4y=-13 & \cdots\cdots② \end{cases}$ で，

①の係数を整数にした式は？

❉両辺に分母の最小公倍数 21 をかける。

$7x-6y=-21$

次の連立方程式をつくろう。

□ 1個 90 円のパンと 1個 110 円のドーナツを合わせて 15 個買うと，代金は 1530 円でした。パンを x 個，ドーナツを y 個買ったとしたときの連立方程式。
$$\begin{cases} x+y=15 \\ 90x+110y=1530 \end{cases}$$

□ 全体で 14km の山道を，峠までは時速 3km，峠からは時速 4km で歩くと，全体で 4 時間かかりました。峠までを $x$km，峠からを $y$km としたときの連立方程式。

❉時間＝$\dfrac{\text{道のり}}{\text{速さ}}$
$$\begin{cases} x+y=14 \\ \dfrac{x}{3}+\dfrac{y}{4}=4 \end{cases}$$

□ 卓球部員は，去年は全体で 45 人でした。今年は男子が 20％増え，女子も 10％増えたので，全体で 7 人増えました。去年の男子部員を x 人，女子部員を y 人としたときの連立方程式。

❉$a\%=\dfrac{a}{100}$
$$\begin{cases} x+y=45 \\ \dfrac{20}{100}x+\dfrac{10}{100}y=7 \end{cases}$$

◎ 攻略のポイント

連立方程式を使って問題を解く手順

1 どの数量を文字で表すか決める。

2 等しい関係にある数量を見つけて方程式をつくる。

3 連立方程式を解く。

4 解を問題の答えとしてよいかどうかを確かめ，答えを決める。

3章　1次関数

教科書 p.66〜p.72

次の問いに答えよう。

□ y が x の関数で，y が x の1次式で 表されるとき，y は x の何という？

（y は x の）1次関数である

□ 一般に1次関数を表す式は？

$y = ax + b$

□ 比例は1次関数といえる？

❀ $y = ax + b$ の式で， $b = 0$ の特別な場合。　　いえる

□ 反比例は1次関数といえる？

❀ $y = \dfrac{a}{x}$ で，$y = ax + b$ の式で表されない。　　いえない

□ x の増加量に対する y の増加量の 割合を何という？　　変化の割合

y が x の1次関数であるといえるか答えよう。

□ $y = 3x - 2$　　　　　　　いえる

□ $y = \dfrac{7}{x}$ ❀反比例　　　いえない

□ $y = -x$ ❀比例　　　　　いえる

□ $y = 3x^2 + 2$ ❀2次式　　いえない

y が x の1次関数であるといえるか答えよう。

□ 30kmの道のりを x 時間で進んだとき の時速 y km ❀ $y = \dfrac{30}{x}$　　いえない

□ 1分間に0.5cmずつ短くなる，長さ が10cmの線香に，火をつけてから x 分後の線香の長さ y cm

❀ $y = -0.5x + 10$　　　　いえる

□ 縦が x cm，横が20cmの長方形の 面積 y cm^2 ❀ $y = 20x$　　いえる

次の問いに答えよう。

□ 1次関数 $y = 4x - 3$ で，x の値が2 から9まで増加したときの変化の割 合は？　❀1次関数 $y = ax + b$ の変化の割 合は一定であり，a に等しい。

4

□ 1次関数 $y = 4x - 3$ で，x の増加量 が5のときの y の増加量は？

❀（y の増加量）＝ $a \times$（x の増加量）

20

◎ 攻略のポイント

1次関数の変化の割合

1次関数 $y = ax + b$ では，変化の割合は**一定**であり，a に等しい。

（変化の割合）＝ $\dfrac{（y \text{ の増加量}）}{（x \text{ の増加量}）}$ ＝ a　　左の式より，（y の増加量）＝ $a \times$（x の増加量）

3章　1次関数

次の問いに答えよう。

□ 1次関数 $y=ax+b$ のグラフは，$y=ax$ のグラフを，y 軸の正の向きにどれだけ平行移動させた直線？

<u>　　　　b　　　　</u>

□ 1次関数 $y=ax+b$ のグラフで，a や b は何を表す？

<u>　a　傾き　b　切片　</u>

次の1次関数のグラフをかこう。

□ ① $y=3x-2$
❋傾き 3
　切片 -2

□ ② $y=-2x+1$
❋傾き -2
　切片 1

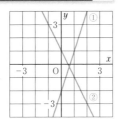

次の図の直線の式を求めよう。

□ ① <u>$y=3x-1$</u>

□ ② <u>$y=-x-2$</u>

□ ③ <u>$y=\dfrac{1}{2}x+2$</u>

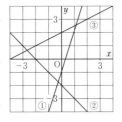

次の直線の式を求めよう。

□ 傾きが4で，点 $(1, 3)$ を通る直線

⇨ $y=\boxed{4}\,x+b$ という式になる。

　この式に $x=1$，$y=3$ を代入すると，$b=\boxed{-1}$ ❋$3=4\times1+b$

<u>　　　　$y=4x-1$　　　　</u>

□ 切片が9で，点 $(3, -3)$ を通る直線

⇨ $y=ax+\boxed{9}$ という式になる。

　この式に $x=3$，$y=-3$ を代入すると，$a=\boxed{-4}$ ❋$-3=3a+9$

<u>　　　　$y=-4x+9$　　　　</u>

□ 2点 $(3, 1)$，$(6, 7)$ を通る直線

⇨ 傾きは，$\dfrac{7-1}{6-3}=\boxed{2}$ だから，

　$y=\boxed{2}\,x+b$ という式になる。

　この式に $x=3$，$y=1$ を代入すると，$b=\boxed{-5}$ ❋$1=2\times3+b$

<u>　　　　$y=2x-5$　　　　</u>

◎ 攻略のポイント

1次関数のグラフ

1次関数 $y=ax+b$ では，次のことがいえる。

$a>0$ のとき ➡ グラフは右上がりの直線。

$a<0$ のとき ➡ グラフは右下がりの直線。

3章　1次関数

次の問いに答えよう。

☐ 2元1次方程式 $ax+by=c$ のグラフはどんな線になる？　<u>直線</u>

☐ 2元1次方程式 $ax+by=c$ のグラフで，$a=0$ の場合，x 軸，y 軸どちらに平行？　<u>x 軸</u>

☐ 2元1次方程式 $ax+by=c$ のグラフで，$b=0$ の場合，x 軸，y 軸どちらに平行？　<u>y 軸</u>

次の方程式のグラフをかこう。

☐ ① $3x+2y=-4$

❇ $y=-\dfrac{3}{2}x-2$

☐ ② $2x-3y=-6$

❇ $x=0 \Rightarrow y=2$
　$y=0 \Rightarrow x=-3$

☐ ③ $9y=-27$

❇ $y=-3$

☐ ④ $-7x=-14$

❇ $x=2$

次の連立方程式の解をグラフから求めよう。

☐
$$\begin{cases} x-y=-4 & \cdots① \\ x+2y=2 & \cdots② \end{cases}$$

❇ 交点の座標を読み取る。

$$\begin{cases} x=-2 \\ y=2 \end{cases}$$

次の問いに答えよう。

☐ 右の①の式は？

$y=\boxed{-x+2}$

☐ 右の②の式は？

$y=\boxed{3x-1}$

☐ 上の①，②の交点の座標は？

①，②の式を連立方程式として解く。

②を①に代入すると，

$3x-1=\boxed{-x+2}$　　$x=\boxed{\dfrac{3}{4}}$　$\cdots③$

❇ $4x=3$

③を①に代入すると，

$y=\boxed{-\dfrac{3}{4}}+2$　$y=\boxed{\dfrac{5}{4}}$

$\left(\dfrac{3}{4},\ \dfrac{5}{4}\right)$

◎ 攻略のポイント

連立方程式の解とグラフの交点

x，y についての連立方程式の解は，それぞれの2元1次方程式のグラフの交点の x 座標，y 座標の組である。

連立方程式の解
↕
グラフの交点の座標

大日本図書版　数学2年

4章　平行と合同

次の言葉を答えよう。

□ 右の図の ∠a と ∠b の
ように向かい合う角。

対頂角

□ 右の図の ∠c と ∠d の
ような位置にある角。

同位角

□ 右の図の ∠e と ∠f の
ような位置にある角。

錯角

次の図で，角の大きさを求めよう。

□ 右の図の ∠a

❂ 対頂角は等しい。

71°

□ 右の図の ∠b

❂ 2直線が平行ならば
同位角は等しい。

113°

□ 右の図の ∠c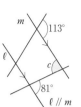

❂ 2直線が平行ならば
錯角は等しい。

81°

次の図で，角の大きさを求めよう。

□ 右の図の ∠x

❂ 180°−(50°+62°)
=68°

68°

□ 右の図の ∠x

❂ 180°−(90°+48°)
=42°

42°

□ 右の図の ∠x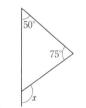

❂ 50°+75°
=125°

125°

□ 右の図の ∠x

❂ 86°−51°
=35°

35°

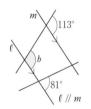

◎ 攻略のポイント

三角形の内角と外角の性質

・三角形の内角の和は 180° である。

・三角形の 1 つの外角は，それととなり合わない
2 つの内角の和に等しい。

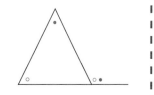

4章　平行と合同

次の角の大きさを答えよう。

□ n 角形の内角の和。

$$180° \times (n-2)$$

□ n 角形の外角の和。

$$360°$$

次の問いに答えよう。

□ 二十二角形の内角の和は？

❋ $180° \times (22-2) = 180° \times 20$
$= 3600°$

$3600°$

□ 内角の和が $900°$ の多角形は？

❋ $180° \times (n-2) = 900°$
$n-2 = 5$
$n = 7$

七角形

□ 正九角形の１つの外角の大きさは？

❋ $360° \div 9 = 40°$

$40°$

□ １つの外角が $60°$ である正多角形は
正何角形？

❋ $360° \div 60° = 6$

正六角形

次の図で，角の大きさを求めよう。

□ 右の図の ∠x

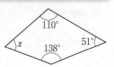

❋四角形の内角の
和は $360°$ だから，
$360° - (110° + 138° + 51°)$
$= 61°$

$61°$

□ 右の図の ∠x

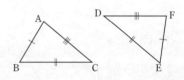

❋多角形の外角の
和は $360°$ だから，
$360° - (64° + 82° + 43° + 68°)$
$= 103°$

$103°$

次の問いに答えよう。

□ 下の２つの三角形が合同であること
を記号 ≡ を使って表すと？

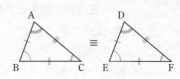

❋頂点は対応する順に書く。

$△ABC ≡ △FED$

◎ 攻略のポイント

合同な図形の性質

合同な図形では，対応する線分の長さや
角の大きさはそれぞれ等しい。

4章　平行と合同

次の問いに答えよう。

□ 三角形の合同条件は？

3組の辺がそれぞれ等しい。

2組の辺とその間の角が

それぞれ等しい。

1組の辺とその両端の角が

それぞれ等しい。

□ 「a ならば b」のように表したとき，a を何という？

　　　　　　　　仮定

□ 「a ならば b」のように表したとき，b を何という？

　　　　　　　　結論

次の図で，合同な三角形を答えよう。

✿1組の辺とその両端の角がそれぞれ等しい。

$\triangle AOD \equiv \triangle BOC$

✿3組の辺がそれぞれ等しい。

$\triangle ABC \equiv \triangle CDA$

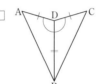

✿2組の辺とその間の角がそれぞれ等しい。

$\triangle ABD \equiv \triangle CBD$

次のことがらの仮定と結論を答えよう。

□ $\triangle ABC \equiv \triangle DEF$ ならば $\angle C = \angle F$

✿「ならば」の前が仮定，あとが結論。

仮定　　$\triangle ABC \equiv \triangle DEF$

結論　　$\angle C = \angle F$

□ x が12の倍数ならば x は6の倍数。

仮定　　x が12の倍数

結論　　x は6の倍数

◎ 攻略のポイント

合同な三角形の見つけ方

対頂角が等しいことに注目する。
共通な辺や角が等しいことに注目する。

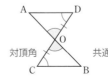

対頂角　　共通な辺

5章　三角形と四角形

次の定義や定理を答えよう。

□ 用語の意味を，はっきりと簡潔に

述べたもの。　　　　　　定義

□ すでに証明されたことがらのうち

で，よく使われるもの。　　定理

□ 二等辺三角形の定義。

　　　　2つの辺が等しい三角形。

□ 二等辺三角形の性質。（2つ）

　　　□1 2つの底角は等しい。

　　　□2 頂角の二等分線は，

　　　　底辺を垂直に二等分する。

□ 二等辺三角形であるための条件。

　　　　2つの角が等しい。

□ 正三角形の定義と性質。

　定義 3つの辺が等しい三角形。

　性質 3つの角は等しい。

次の言葉を答えよう。

□ あることがらの仮定と結論を

入れかえたことがら。　　逆

次の二等辺三角形で，角の大きさを求めよう。

□ 右の図の ∠x

　✳ $(180° - 72°) \div 2$
　　$= 54°$

　　　　　　　　　　　54°

□ 右の図の ∠x

　✳ $180° - 72° \times 2$
　　$= 36°$

　　　　　　　　　　　36°

次のことがらの逆を答え，それが正しいかどうか答えよう。

□ 2直線が平行ならば錯角は等しい。

　　錯角が等しいならば2直線は平行。

　　　　　　　　　　　正しい

□ $x \geqq 12$ ならば $x > 6$　　✳反例は $x = 7$

　　$x > 6$ ならば $x \geqq 12$　　正しくない

正しいことの逆がいつでも
正しいとは限らないよ。

◎ 攻略のポイント

二等辺三角形の角や辺

二等辺三角形の等しい2辺の間の角を**頂角**，
頂角に対する辺を**底辺**，底辺の両端の角を**底角**という。

大日本図書版　数学2年

5章　三角形と四角形

次の問いに答えよう。

□ 直角三角形の合同条件は？

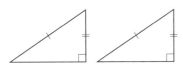

斜辺と他の1辺がそれぞれ等しい。

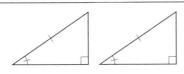

斜辺と1鋭角がそれぞれ等しい。

次の定義や定理を答えよう。

□ 平行四辺形の定義。

2組の対辺がそれぞれ平行な四角形。

□ 平行四辺形の性質。（3つ）

① 2組の対辺はそれぞれ等しい。

② 2組の対角はそれぞれ等しい。

③ 2つの対角線はそれぞれの中点で

交わる。

定義や定理は
正しく覚えよう。

次の図で, 合同な三角形を答えよう。

□

❀直角三角形の
斜辺と他の1辺が
それぞれ等しい。

△ABC≡△ADC

□

❀直角三角形の
斜辺と1鋭角が
それぞれ等しい。

△AOC≡△BOC

次の□ABCDで, x, yの値を求めよう。

□ 右の図の x

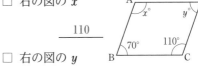

110

□ 右の図の y

70

□ 右の図の x

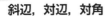

5

□ 右の図の y

8　❀4×2

◎ 攻略のポイント

斜辺, 対辺, 対角

直角三角形の直角に対する辺が**斜辺**,
四角形の向かい合う辺が**対辺**,
四角形の向かい合う角が**対角**である。

5章　三角形と四角形

次の定義や定理を答えよう。

□ 平行四辺形であるための条件。(5つ)

　定義 2組の対辺がそれぞれ平行である。

　① 2組の対辺がそれぞれ等しい。

　② 2組の対角がそれぞれ等しい。

　③ 2つの対角線がそれぞれの中点で

　　交わる。

　④ 1組の対辺が平行で長さが等しい。

□ ひし形の定義。

　　　　4つの辺が等しい四角形。

□ 長方形の定義。

　　　　4つの角が等しい四角形。

□ 正方形の定義。

　　　　4つの辺が等しく，

　　　　4つの角が等しい四角形。

□ 長方形やひし形の対角線の性質。

　　長方形の対角線は，長さが等しく，

　　それぞれの中点で交わる。

　　ひし形の対角線は，垂直に

　　それぞれの中点で交わる。

四角形ABCDは平行四辺形になるか答えよう。

□ AD∥BC，AB＝DC　　ならない

　❈台形になる場合がある。

□ AD＝BC，AB＝DC　　なる

　❈2組の対辺がそれぞれ等しい。

□ ∠A＝∠C，∠B＝∠D　なる

　❈2組の対角がそれぞれ等しい。

次の問いに答えよう。

□ 下の図で，四角形 ABCD と面積が

　等しい △ABE をつくるには？

❈① 対角線 AC をひく。
　② 頂点 D を通り，AC に平行な直線を
　　ひき，BCの延長との交点をEとする。
　③ 点 A と点 E を結ぶ。

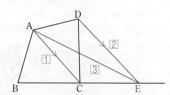

◎ 攻略のポイント
平行四辺形になるための条件

平行四辺形になるため
の条件を図で表すと，
右のようになる。

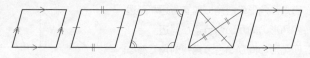

6章　データの比較と箱ひげ図

教科書 p.168~p.179

次の言葉を答えよう。

□ データを大きさの順に並べ，4 等分した位置にある値。

四分位数

□ 中央値になる四分位数。

第 2 四分位数

□ データを小さい順に並べて 2 等分したうちの，最小値をふくむ組の中央値。

第 1 四分位数

□ データを小さい順に並べて 2 等分したうちの，最大値をふくむ組の中央値。

第 3 四分位数

□ 第 3 四分位数と第 1 四分位数との差。

四分位範囲

データが下のとき，次の数を答えよう。
1, 9, 12, 16, 18, 20, 29, 33

□ 第 2 四分位数
　✳ (16＋18)÷2　　　17

□ 第 1 四分位数
　✳ (9＋12)÷2　　　10.5

データが下のとき，次の数を答えよう。
3, 6, 9, 12, 16, 18, 23, 24, 27, 38

□ 第 2 四分位数（中央値）

17

□ 第 1 四分位数

9

□ 第 3 四分位数

24

下の箱ひげ図をみて，次の数を答えよう。

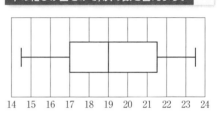

□ 第 2 四分位数（中央値）

19

□ 第 1 四分位数

17

□ 第 3 四分位数

21.5

◎ 攻略のポイント

箱ひげ図

箱ひげ図をかくと複数の集団のデータの分布のようすを簡潔に比べることができる。「ひげ」の長さはデータの散らばりの程度を表し，「箱」は中央値のまわりのデータの集中のようすを表す。

7章　確率

教科書
p.182～p.197

次の問いに答えよう。

□ どの結果が起こることも同じ程度に

期待できることを何という？

<u>同様に確からしい</u>

□ 起こり得る場合が全部で n 通りあり，

そのうち，ことがら A の起こる場合が

a 通りあるとき，A の起こる確率 p

はどう表せる？

<u>$p = \dfrac{a}{n}$</u>

□ 確率 p の範囲は？

<u>$0 \leq p \leq 1$</u>

□ 1個のさいころを投げるとき，

4の目が出る確率は？

<u>$\dfrac{1}{6}$</u>

□ さいころを120回投げると，

1の目は必ず20回出る。

これは正しい？

<u>正しくない</u>

次の確率を，樹形図を使って求めよう。

□ 2枚のコインを投げるとき，

2枚とも裏になる確率は？

2枚のコインを A，B とすると，

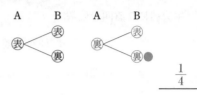

<u>$\dfrac{1}{4}$</u>

□ A，Bの2人がじゃんけんを1回する

とき，B が勝つ確率は？

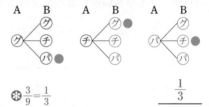

✳ $\dfrac{3}{9} = \dfrac{1}{3}$　　　　　<u>$\dfrac{1}{3}$</u>

□ A, B, C, D の4人の中から，2人の

係を選ぶとき，B が選ばれる確率は？

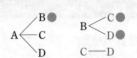

✳ A–B，B–A は同じもの
として考える。$\dfrac{3}{6} = \dfrac{1}{2}$　　<u>$\dfrac{1}{2}$</u>

◎ 攻略のポイント

確率の求め方の工夫

順番が関係ない場合の樹形図では，
A–B，B–A などの組み合わせは
同じものと考えて整理する。

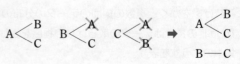